21 世纪高职高专规划教材·艺术设计系列

手绘效果图表现技法

（第 2 版）

文 健 周启凤 胡 娉 编著

清华大学出版社

北京交通大学出版社

·北京·

内 容 简 介

本书的主要内容包括：室内陈设速写训练、徒手空间透视训练、室内陈设着色训练、空间创作训练和手绘作品欣赏。

本教材注重对学生动手能力的培养，训练方法层层递进，科学有效，适用于高职高专学校室内设计专业的教学。

图书在版编目（CIP）数据

手绘效果图表现技法／文健，周启凤，胡娉编著. —2 版. —北京：清华大学出版社；北京交通大学出版社，2011. 8（2014. 1 重印）

（21 世纪高职高专规划教材·艺术设计系列）

ISBN 978 – 7 – 5121 – 0625 – 3

Ⅰ. ① 手… Ⅱ. ① 文… ② 周… ③ 胡… Ⅲ. ① 建筑艺术 – 绘画技法 – 高等职业教育 – 教材 Ⅳ. ① TU204

中国版本图书馆 CIP 数据核字（2011）第 135251 号

责任编辑：孙秀翠
出版发行：清华大学出版社　　邮编：100084　　电话：010 – 62776969
　　　　　北京交通大学出版社　邮编：100044　　电话：010 – 51686414
印 刷 者：北京朗翔印刷有限公司
经　　销：全国新华书店
开　　本：185×230　印张：8. 75　字数：193 千字
版　　次：2005 年 5 月第 1 版　　2011 年 8 月第 2 版　　2014 年 1 月第 12 次印刷
书　　号：ISBN 978 – 7 – 5121 – 0625 – 3/TU·70
印　　数：50 001 ～ 53 000 册　定价：29. 00 元

本书如有质量问题，请向北京交通大学出版社质监组反映。对您的意见和批评，我们表示欢迎和感谢。

投诉电话：010 – 51686043，51686008；传真：010 – 62225406；E-mail：press@bjtu. edu. cn。

出 版 说 明

　　高职高专教育是我国高等教育的重要组成部分，它的根本任务是培养生产、建设、管理和服务第一线需要的德、智、体、美全面发展的高等技术应用型专门人才，所培养的学生在掌握必要的基础理论和专业知识的基础上，应重点掌握从事本专业领域实际工作的基本知识和职业技能，因而与其对应的教材也必须有自己的体系和特色。

　　为了适应我国高职高专教育发展及其对教学改革和教材建设的需要，在教育部的指导下，我们在全国范围内组织并成立了"21世纪高职高专教育教材研究与编审委员会"（以下简称"教材研究与编审委员会"）。"教材研究与编审委员会"的成员单位皆为教学改革成效较大、办学特色鲜明、办学实力强的高等专科学校、高等职业学校、成人高等学校及高等院校主办的二级职业技术学院，其中一些学校是国家重点建设的示范性职业技术学院。

　　为了保证规划教材的出版质量，"教材研究与编审委员会"在全国范围内选聘"21世纪高职高专规划教材编审委员会"（以下简称"教材编审委员会"）成员和征集教材，并要求"教材编审委员会"成员和规划教材的编著者必须是从事高职高专教学第一线的优秀教师或生产第一线的专家。"教材编审委员会"组织各专业的专家、教授对所征集的教材进行评选，对所列选教材进行审定。

　　目前，"教材研究与编审委员会"计划用2～3年的时间出版各类高职高专教材200种，范围覆盖计算机应用、电子电气、财会与管理、商务英语等专业的主要课程。此次规划教材全部按教育部制定的"高职高专教育基础课程教学基本要求"编写，其中部分教材是教育部《新世纪高职高专教育人才培养模式和教学内容体系改革与建设项目计划》的研究成果。此次规划教材按照突出应用性、实践性和针对性的原则编写并重组系列课程教材结构，力求反映高职高专课程和教学内容体系改革方向；反映当前教学的新内容，突出基础理论知识的应用和实践技能的培养；适应"实践的要求和岗位的需要"，不依照"学科"体系，即贴近岗位，淡化学科；在兼顾理论和实践内容的同时，避免"全"而"深"的面面俱到，基础理论以应用为目的，以必要、够用为度；尽量体现新知识、新技术、新工艺、新方法，以利于学生综合素质的形成和科学思维方式与创新能力的培养。

　　此外，为了使规划教材更具广泛性、科学性、先进性和代表性，我们希望全国从事高职高专教育的院校能够积极加入到"教材研究与编审委员会"中来，推荐"教材编审委员会"成员和有特色的、有创新的教材。同时，希望将教学实践中的意见与建议，及时反馈给我们，以便对已出版的教材不断修订、完善，不断提高教材质量，完善教材体系，为社会奉献更多更新的与高职高专教育配套的高质量教材。

　　此次所有规划教材由全国重点大学出版社——清华大学出版社与北京交通大学出版社联合出版，适合于各类高等专科学校、高等职业学校、成人高等学校及高等院校主办的二级职业技术学院使用。

21世纪高职高专教育教材研究与编审委员会

2011年7月

第 2 版前言

　　《手绘效果图表现技法》自 2005 年 5 月出版以来，深受读者欢迎，至今已印刷 9 次，销售 4 万多册。为了使学生能直观地学习和感受手绘的魅力，本书第 2 版更换了大量比较陈旧的示范图片，力求示范步骤清晰明了，深入浅出，增强图片的直观性。

　　"手绘效果图"是室内设计专业的主干课程之一。如今，在广东、上海、浙江等沿海省市，随着生活水平的不断提高，室内设计行业日益火暴，而作为室内设计行业的主要从业人员——室内设计师，都把室内手绘效果图作为在竞争中取胜的法宝。

　　在计算机效果图已经很发达的今天，手绘效果图依然有它存在的价值，并且焕发勃勃生机。原因很简单：首先，室内设计师通过勾画室内手绘快速效果图，可以及时、有效地向甲方或施工者传达自己的设计理念和意图，它的优势是比计算机绘图还要快捷，在几分钟内，寥寥几笔就可以表现一定的空间效果；其次，室内设计师通过手绘效果图，可以收集、整理所需的大量相关资料，记录瞬间记忆和思维创作的结果。

　　综上所述，手绘效果图是室内设计从业人员必须掌握的专业语言和工具。本书的特色就是通过大量的手绘案例，由浅入深地指导练习者进行科学有效的训练，提高手绘水平，达到较理想的手绘效果。本书非常适用于室内设计行业的广大从业人员和在校学生。

　　本书是作者经过多年的教学和工作经验总结编撰而成的。本着事物由简单到复杂的道理，第一步，先将室内的陈设，如家具、灯具、布艺、工艺品等单个的物件用手绘线描技法勾画出来，供初学者练习，这样不但可以丰富其视觉经验，也可以为深入的设计储备资料；第二步，讲解室内空间的透视原理，进行空间透视的训练，并配以大量的空间透视范画作为参考；第三步，讲解室内空间上色的技巧，以及主要上色工具（彩色铅笔、马克笔）的使用，并配以大量的优秀手绘作品作为参考。

　　本教材理论讲解细致，实用性强，注重对动手能力的培养，训练方法科学有效。大量的手绘案例也增强了本书的收藏价值，是一本室内设计专业不可或缺的重要参考书籍。本书还可以作为设计人员的岗位培训教材及室内装饰设计行业爱好者的自学用书。

文健

2011 年 7 月

目　录

1.1　手绘效果图概述

1. 手绘效果图的概念

手绘效果图是室内设计专业图纸之一，它是通过绘画的手段形象而直观地表达设计构思和意图的一种图纸。

绘制手绘效果图是室内设计师必须掌握的一项专业技能。原因有以下几方面。首先，手绘效果图是室内设计师与用户之间沟通的最好媒介和桥梁。它能够在短时间内表现出工程竣工后的空间效果，让用户直观而形象地理解设计意图。其次，手绘效果图是室内设计师灵感的火花。室内设计师通过手绘表达收集并整理的大量所需的专业资料和素材，及时而又准确地记录瞬间记忆和思维创作的灵感。对室内设计师来说，手绘效果图可以体现出其设计技巧和艺术风格，并有助于设计方案的完善，弥补设计中的不足，在室内设计招投标中起着举足轻重的作用。

2. 手绘效果图的特点

绘制建筑装饰效果图要求有一定的美术基础，但又不同于一般的绘画，它是设计师绘画技能和设计水平的综合体现。建筑装饰效果图要符合实际空间，做到画面简洁、概括、统一，可以用单一或多种技法进行表现。同一般的绘画相比，建筑装饰效果图具有科学性、艺术性、说明性等特点。

科学性是指建筑装饰效果图所表现的对象必须遵循科学的原则，如建筑结构的合理性，光与色变化的规律性，透视和空间尺度比例的准确性等，这些都属于科学性的范畴。

艺术性是指设计师在依据实际空间的前提下，如何运用艺术的表现手法来表达设计的构思。效果图是一种特殊的艺术作品，绘画中的一些美学原理也同样适合于效果图，如合理的夸张和取舍、主观色彩的使用、构图的均衡原则、虚实关系的处理等。艺术性是效果图的魅力所在，但建筑装饰效果图的艺术和绘画的艺术性是有区别的。效果图的艺术性是建立在建筑结构的基础上，并受到用户要求的制约。而绘画的艺术性，则完全由画家随意挥洒，充分发挥想象力去表现对象，无论是造型，还是色彩，都可以在现实的基础上加以发挥。

说明性是指建筑装饰效果图具有图解功能，能体现材料质地、造型设计、空间尺度、灯光色彩、绿化及陈设等方面的效果。因此，不能脱离实际片面追求艺术表现。如果背离客观的设计内容而追求艺术情趣，表现出的气氛效果就会和设计要求相差甚远，不符合设计环境的客观真实情况。除此之外，设计师还应认真听取用户的想法，阅读建筑图纸，甚至亲自到现场得到第一手资料。否则，错误理解设计意图，表现出的效果图就会与用户的意图背道而驰。

3. 手绘效果图的工具

"工欲善其事，必先利其器"，选择合适的工具是画好手绘效果图的前提条件。

（1）纸

手绘效果图常用 A3 复印纸和白色绘图纸。

A3 复印纸：纸质光滑，吸水性差，利于色彩叠加。

白色绘图纸：纸质厚，表面光滑，结实耐擦，色彩重叠时层次丰富。

（2）笔

手绘效果图常用美工钢笔、金属针管笔和快写针笔。

美工钢笔：笔头弯曲，可画粗、细不同的线条，书写流畅，适用于勾画快速草图或方案。

金属针管笔：笔尖较细，线条细而有力，有金属质感和力度，适用于精细手绘图。

快写针笔：油性防水笔头，线条细而柔软，有弹性，适用于快速方案草图。

（3）着色工具

着色工具常用彩色铅笔和马克笔。

彩色铅笔：分油性和水性，色彩丰富，笔质细腻。

马克笔：笔头扁平，可画细线、粗线，色彩丰富，笔触明显，速干。

（4）辅助工具

辅助工具有丁字尺、三角板、曲线板、"蛇"形尺、美工刀、胶带纸等。

1.2　室内陈设速写

1.2.1　灯具速写

1. 灯具的画法要领

（1）造型特点

灯具的造型特点是左右对称，上大下小，如图 1-1 所示。

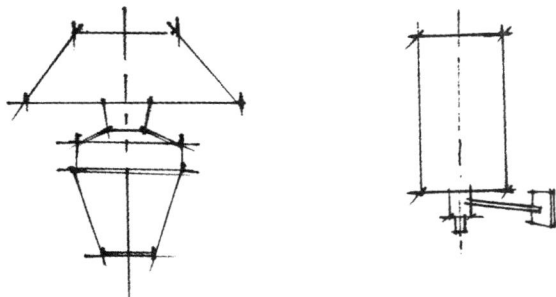

图 1 - 1　灯具的造型特点

（2）线条表现力

运线要注意力度，一般起笔和收笔时的力度较大，中间力度较轻，这样的线有力度和飘逸感。此外，线条还要注意变化，有韵律和节奏，抑扬顿挫。要表现出一定的质感和光感。如图 1 - 2 所示。

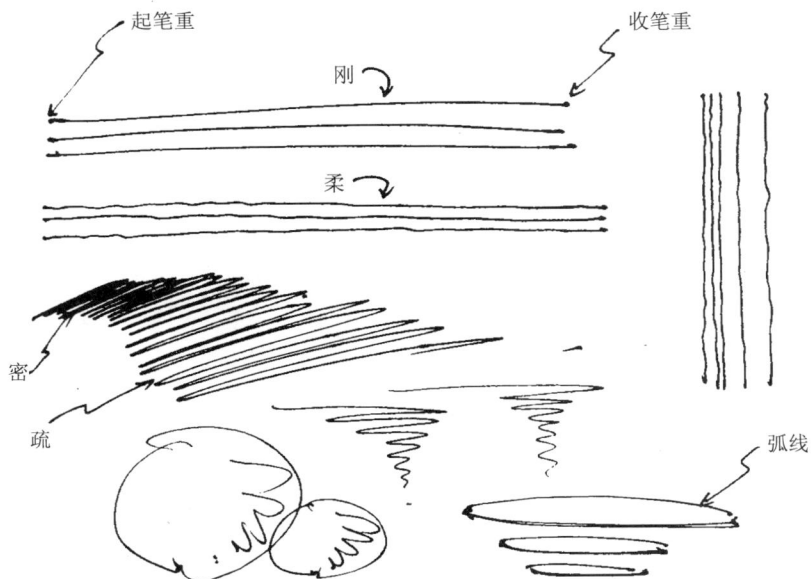

图 1 - 2　线条表现力示例

（3）灯具的分类

室内灯具主要包括吊灯、台灯、壁灯和落地灯等。如图 1 - 3 ～图 1 - 5 所示。

图 1 - 3　室内灯具示例 1

2. 灯具速写资料集

灯具速写资料集示例如图 1 - 6 所示。

1.2.2　家具速写

1. 家具的画法要领

（1）透视与比例关系

家具速写的透视与比例关系示例如图 1 - 7 和图 1 - 8 所示。

（2）家具的分类

室内家具主要包括沙发、椅子、柜子、茶几等。如图 1 - 9 ～图 1 - 12 所示。

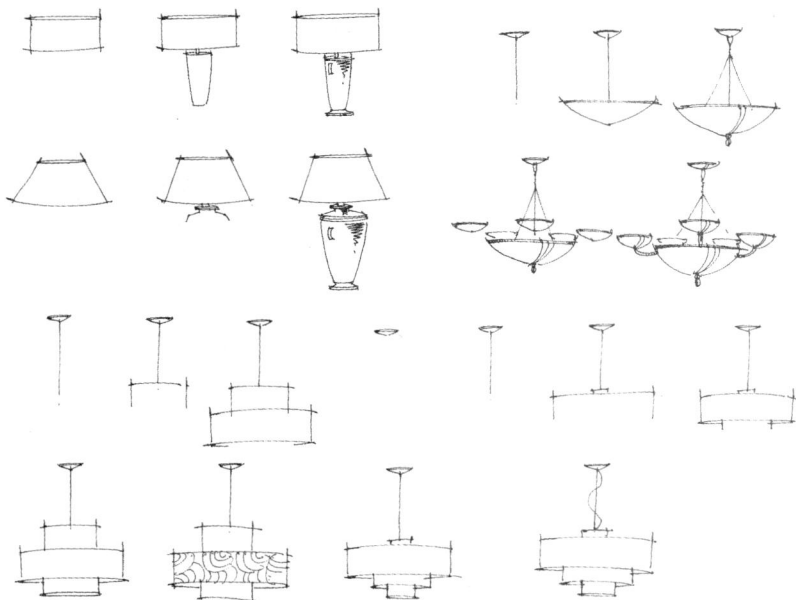

图 1-4　室内灯具示例 2

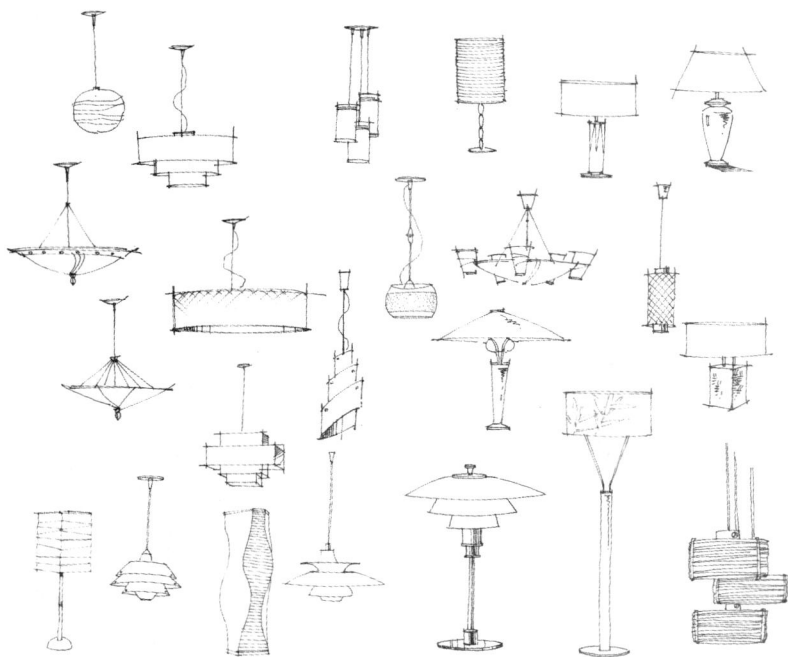

图 1-5　室内灯具示例 3

图1-6 灯具速写资料集示例

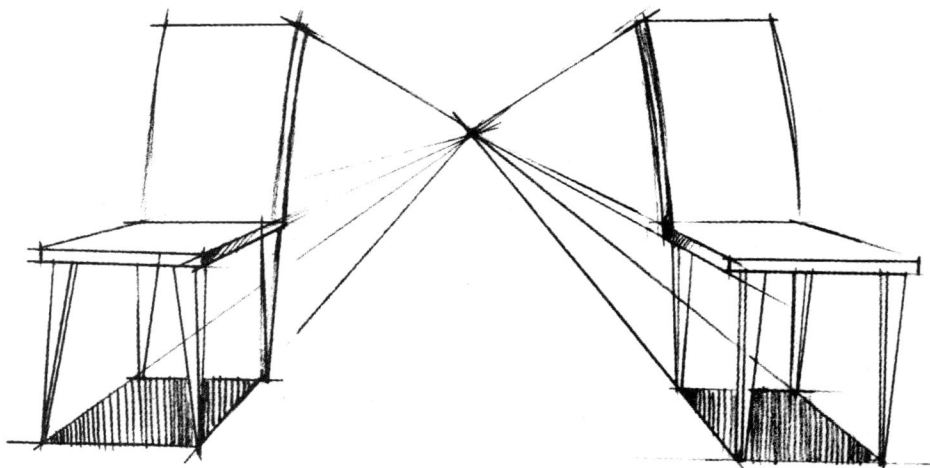

图1-7 家具速写的透视与比例关系示例1

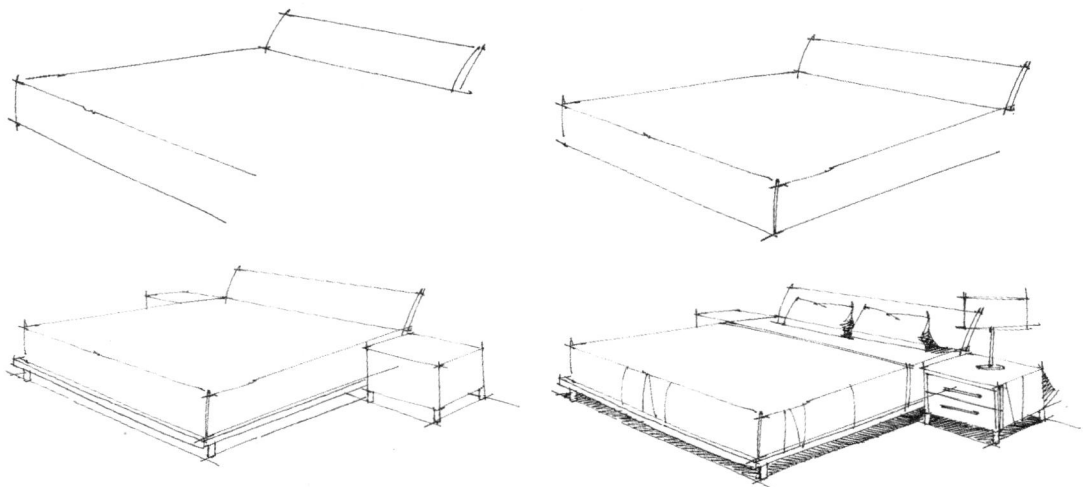

图 1-8　家具速写的透视与比例关系示例 2

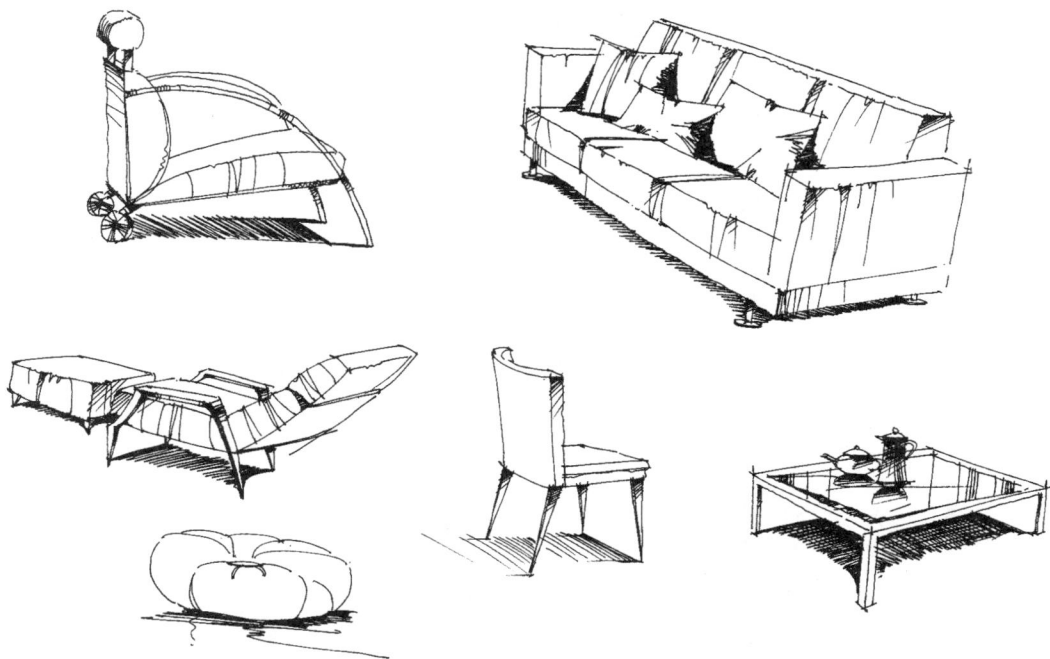

图 1-9　室内家具示例 1

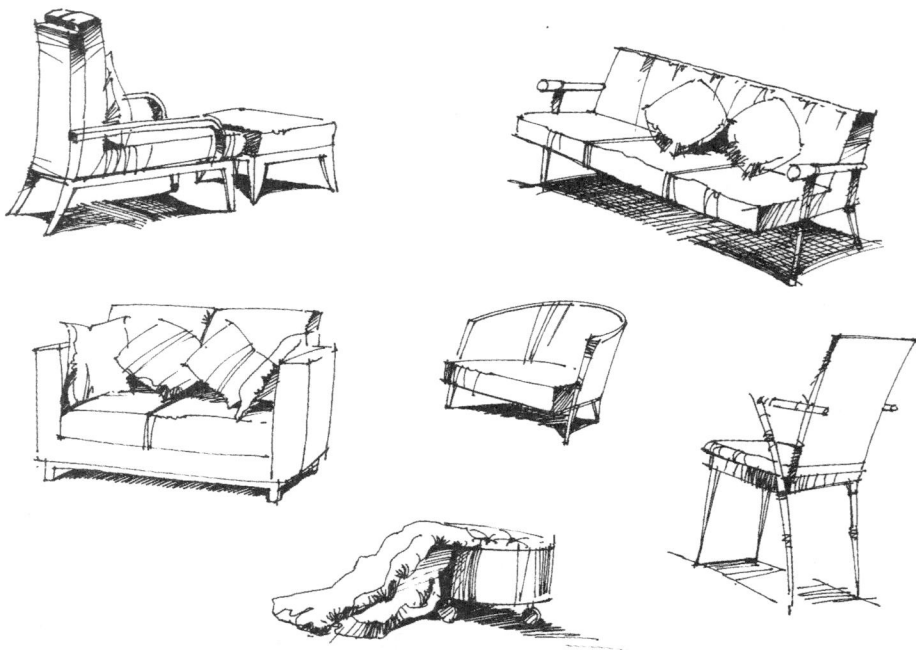

图 1 – 10　室内家具示例 2

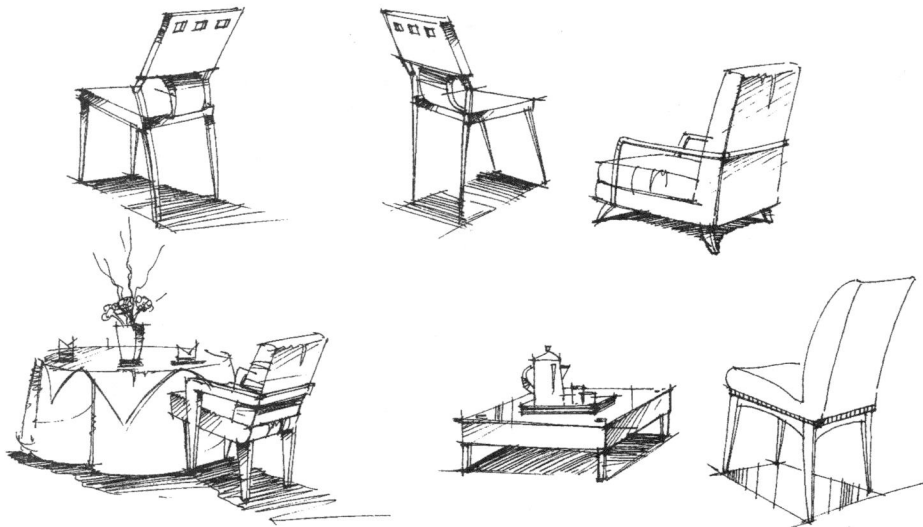

图 1 – 11　室内家具示例 3

图 1 - 12　室内家具示例 4

2. 家具速写资料集

家具速写资料集示例如图 1 - 13 ～图 1 - 37 所示。

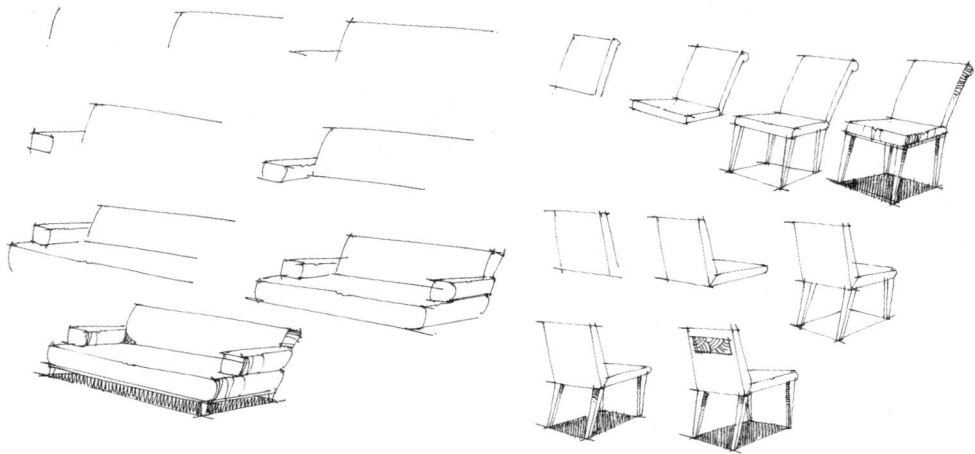

图 1 - 13　家具速写资料集示例 1

图 1－14　家具速写资料集示例 2

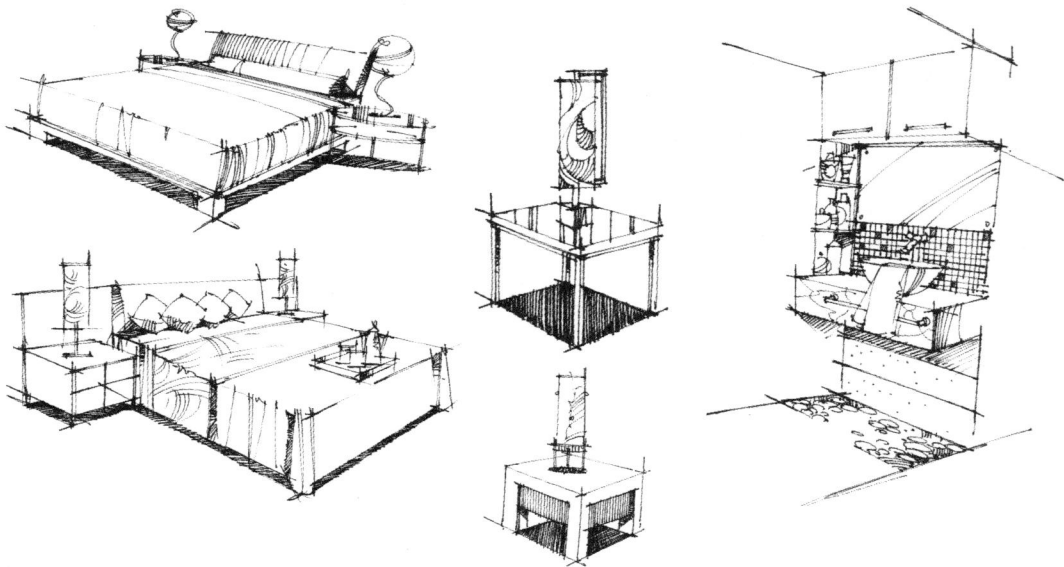

图 1－15　家具速写资料集示例 3

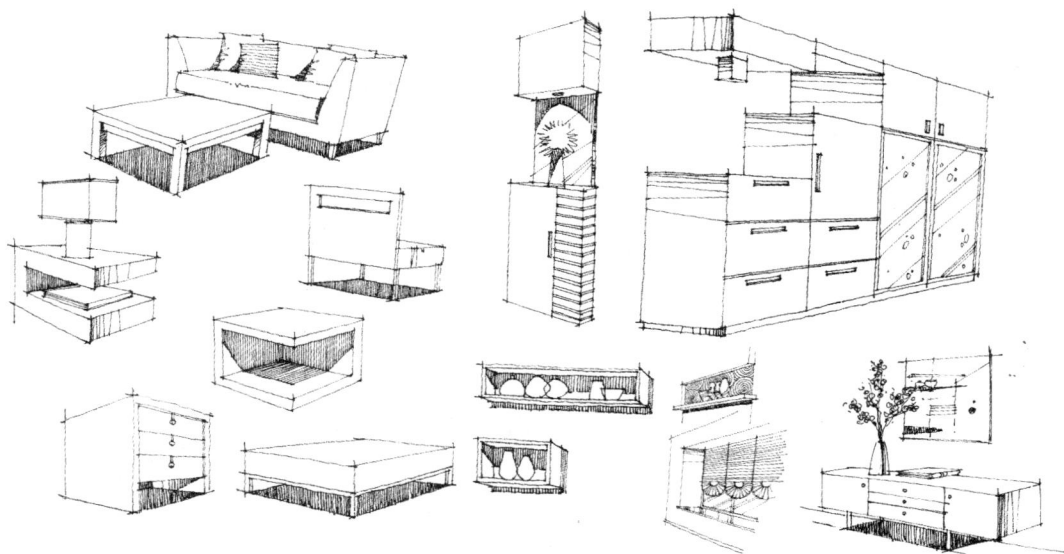

图 1-16　家具速写资料集示例 4

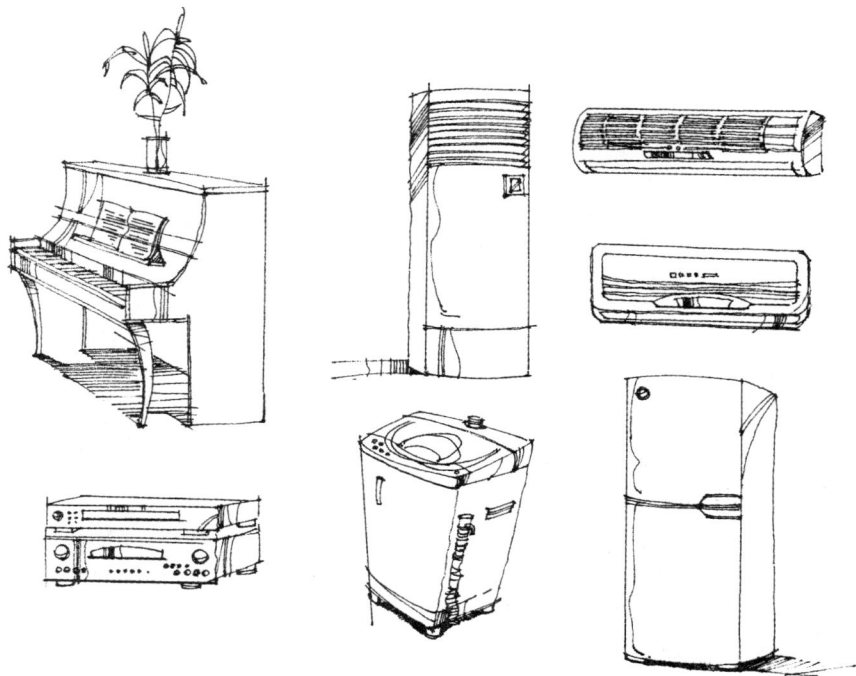

图 1-17　家具速写资料集示例 5

图 1 - 18　家具速写资料集示例 6

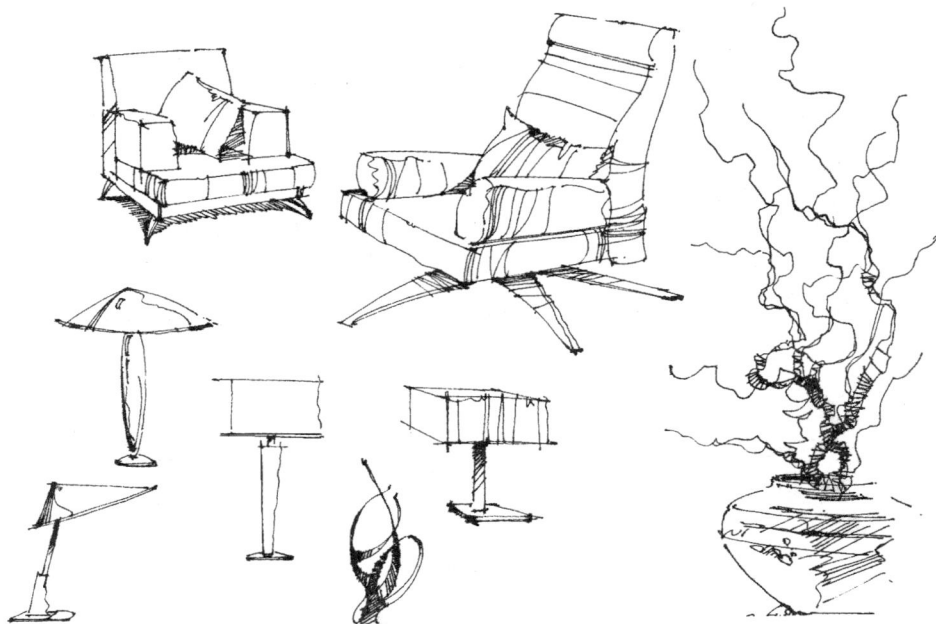

图 1 - 19　家具速写资料集示例 7

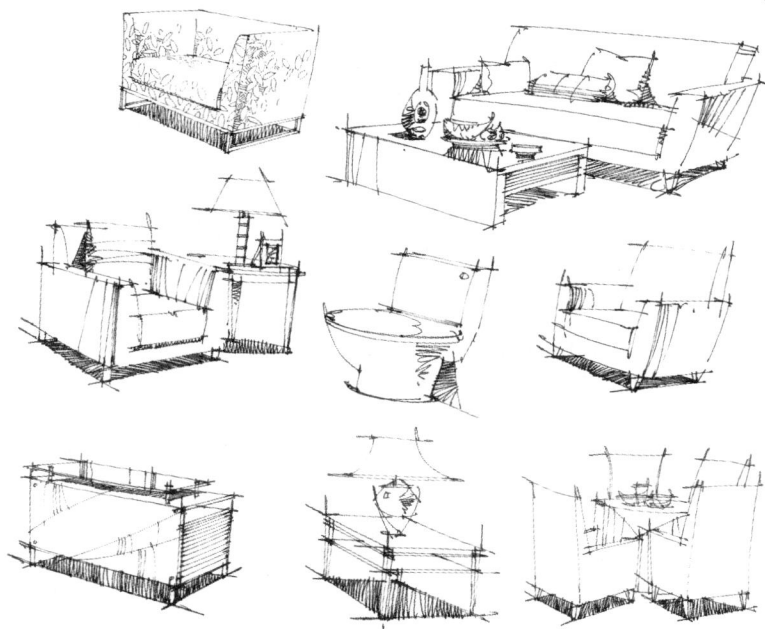

图 1-20　家具速写资料集示例 8

图 1-21　家具速写资料集示例 9

图 1 - 22   家具速写资料集示例 10

图 1 - 23   家具速写资料集示例 11

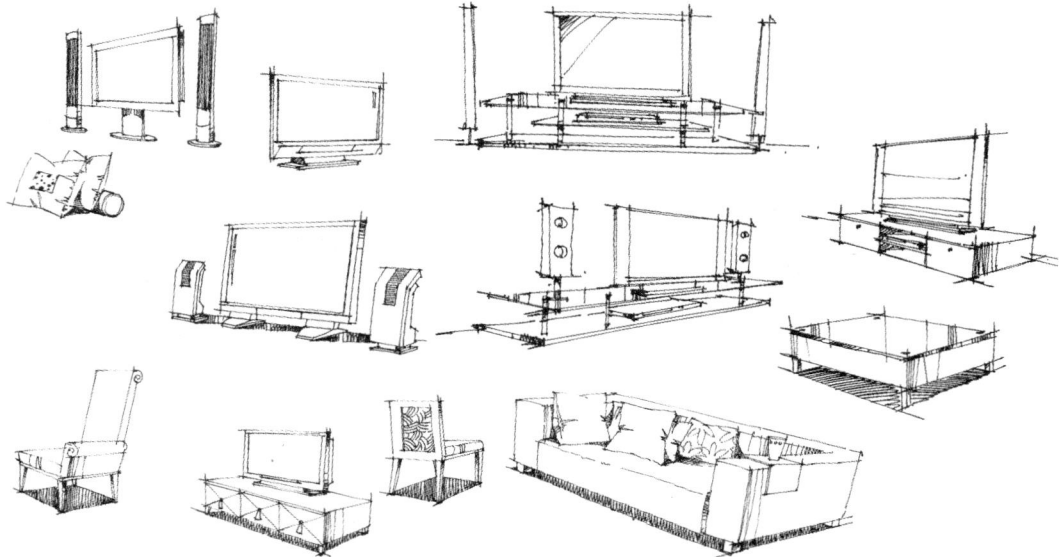

图 1 - 24　家具速写资料集示例 12

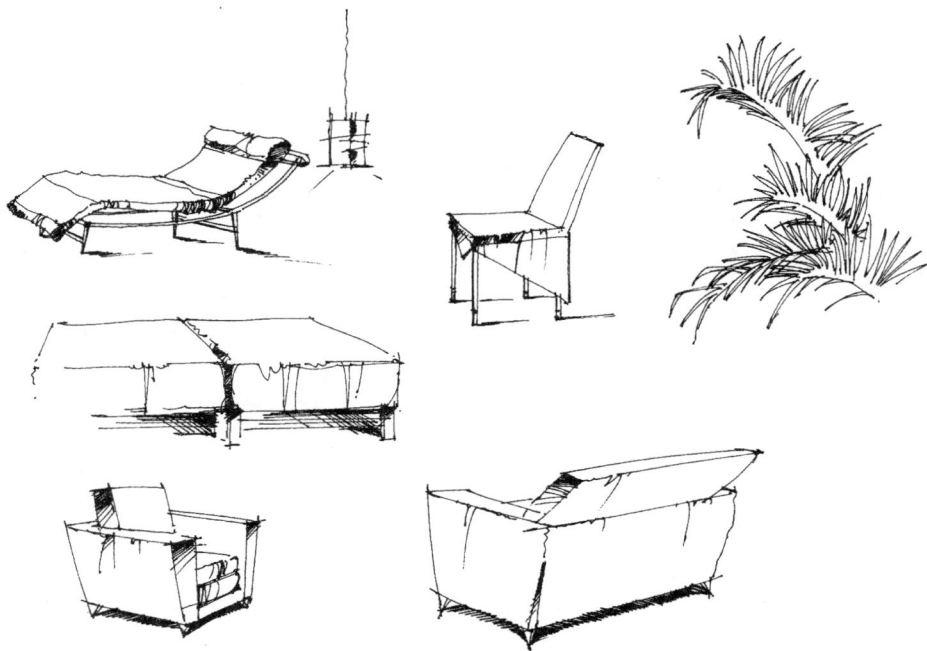

图 1 - 25　家具速写资料集示例 13

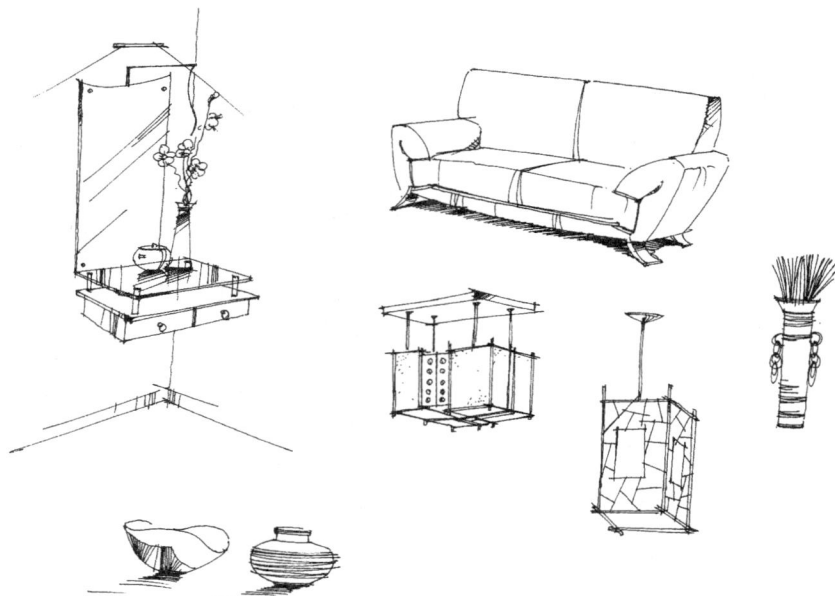

图 1 – 26　家具速写资料集示例 14

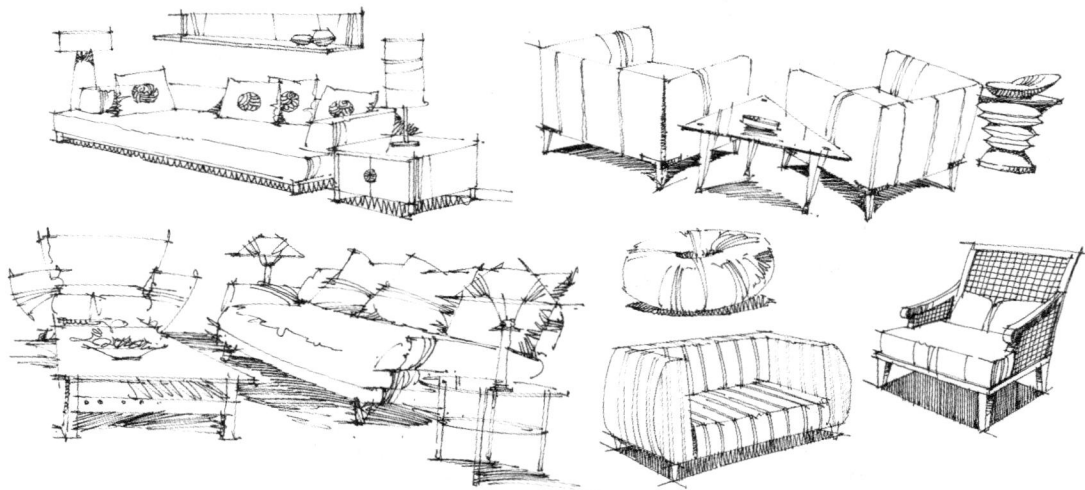

图 1 – 27　家具速写资料集示例 15

图 1 - 28　家具速写资料集示例 16

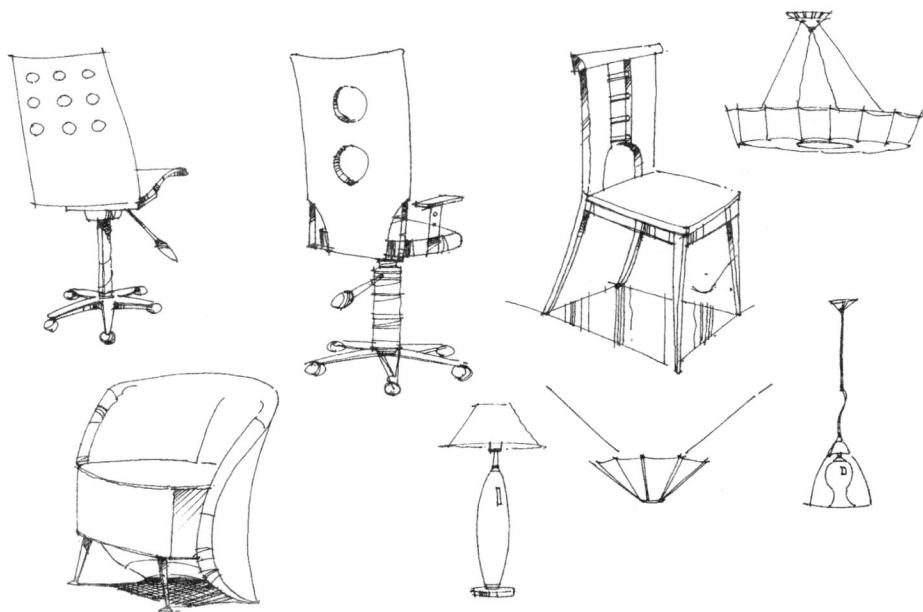

图 1 - 29　家具速写资料集示例 17

图 1 - 30　家具速写资料集示例 18

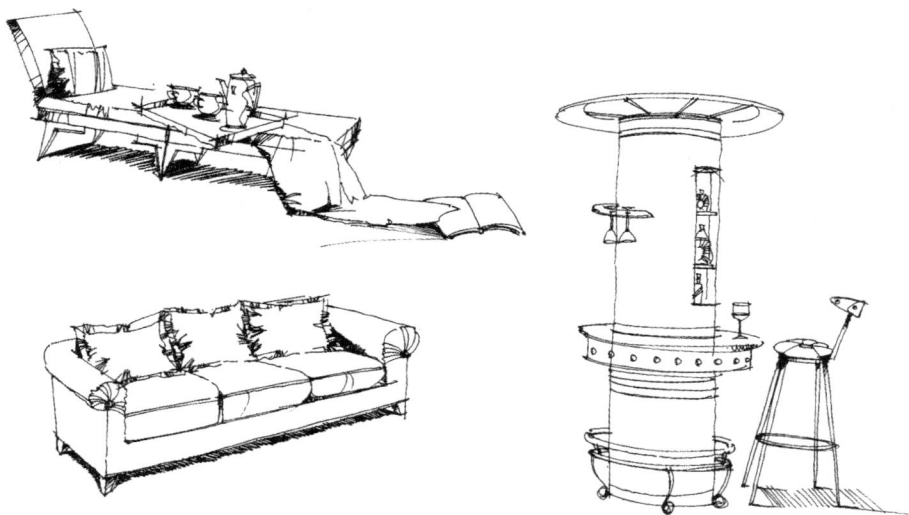

图 1 - 31　家具速写资料集示例 19

图 1 – 32　家具速写资料集示例 20

图 1 – 33　家具速写资料集示例 21

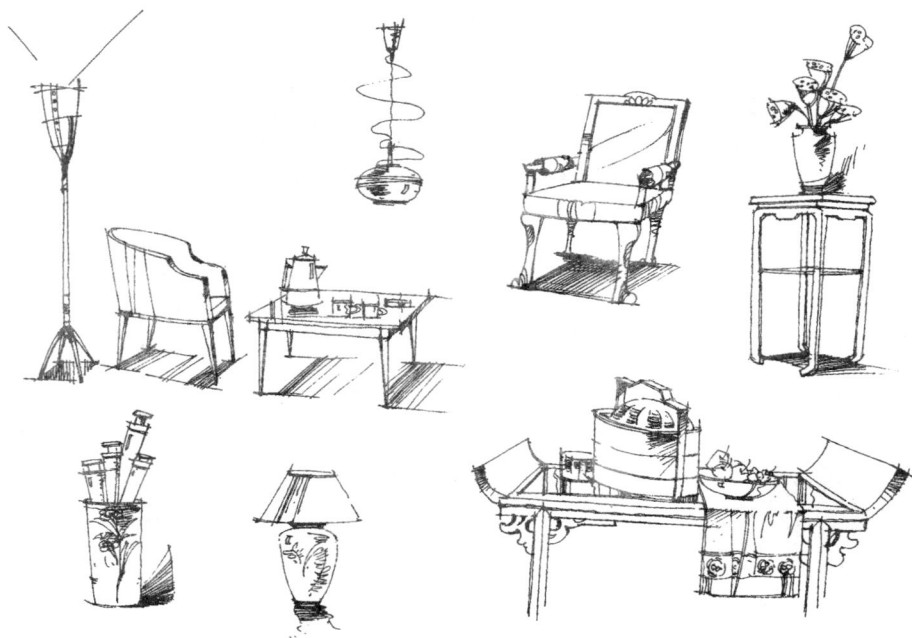

图 1 - 34　家具速写资料集示例 22

图 1 - 35　家具速写资料集示例 23

图 1 – 36　家具速写资料集示例 24

图 1 – 37　家具速写资料集示例 25

1.2.3 陈设品速写

陈设品主要包括工艺品、挂画、靠垫、绿化植物、窗帘等。

陈设品速写资料集示例如图 1－38 ～图 1－48 所示。

图 1－38 陈设品速写资料集示例 1

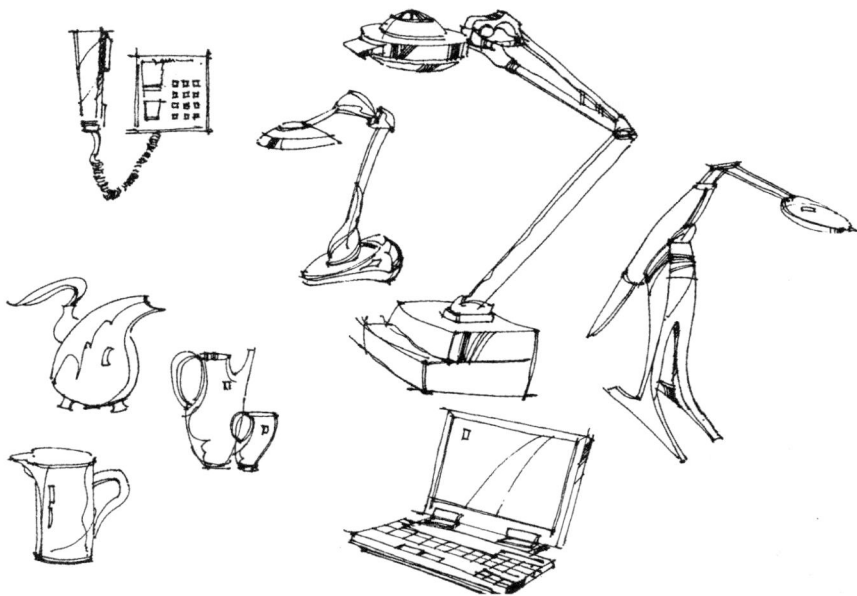

图 1 - 39 陈设品速写资料集示例 2

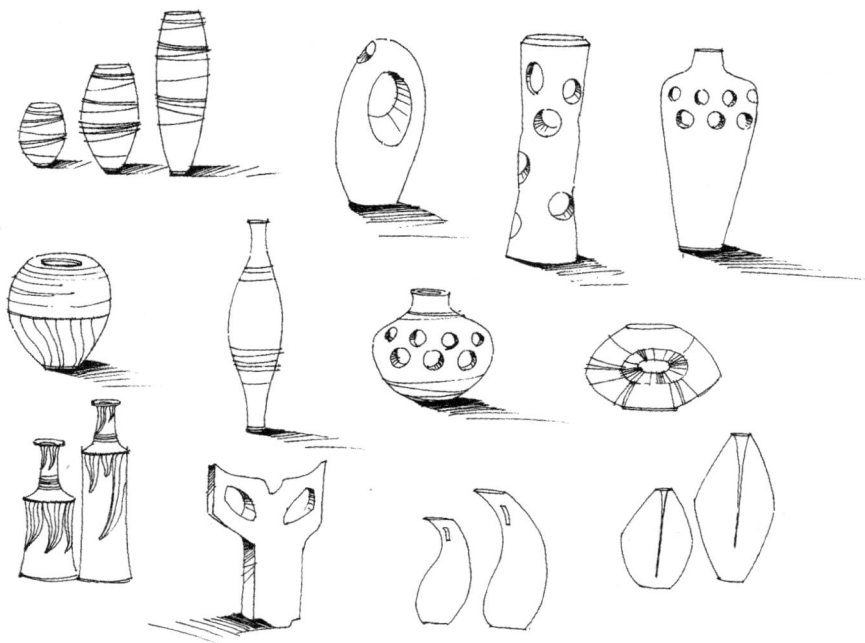

图 1 - 40 陈设品速写资料集示例 3

壁挂（蜡染）

笔筒

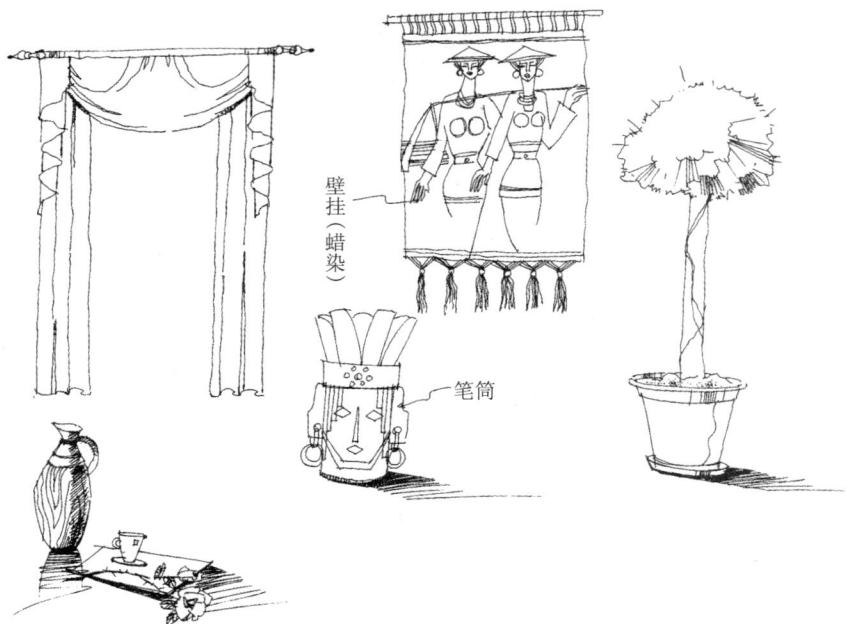

图 1－41　陈设品速写资料集示例 4

图 1－42　陈设品速写资料集示例 5

图 1－43　陈设品速写资料集示例 6

图 1－44　陈设品速写资料集示例 7

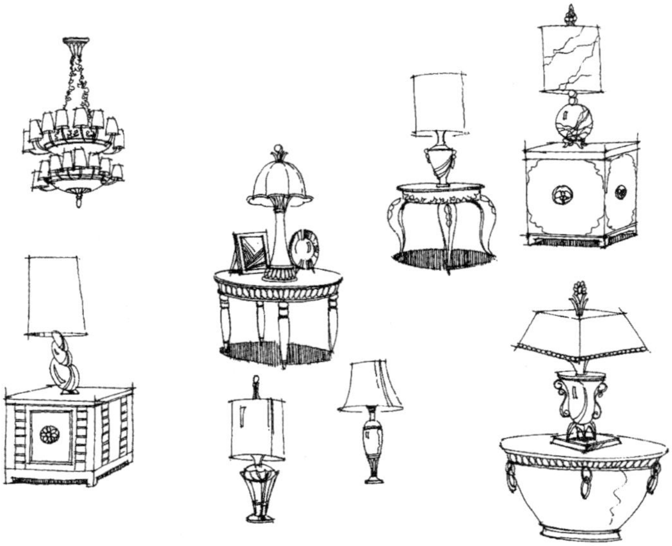

图 1 - 45　陈设品速写资料集示例 8

图 1 - 46　陈设品速写资料集示例 9

图 1 – 47　陈设品速写资料集示例 10

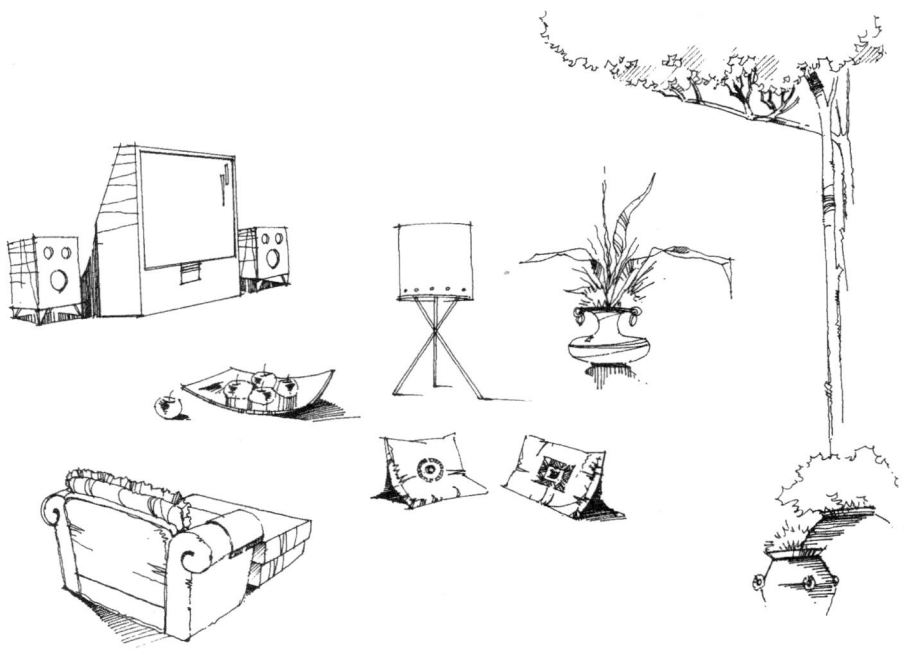

图 1 – 48　陈设品速写资料集示例 11

思 考 题

1. 简述手绘效果图的概念和特点。
2. 手绘效果图的工具有哪些?
3. 请临摹 20 盏不同款式的灯具。
4. 请自己动手设计 10 盏不同款式的灯具。
5. 请临摹 20 套不同款式的家具。
6. 请自己动手设计 10 套不同款式的家具。
7. 请临摹 20 个不同款式的陈设品。
8. 请自己动手设计 10 个不同款式的陈设品。

第 2 章　空间训练篇

2.1　空间透视训练

手绘效果图表现技法常采用快速透视的方法来表现空间。所谓快速透视，即运用一定的透视原理与目测相结合的透视技法。

2.1.1　一点透视

1. 一点透视的快速画法

（1）画面中只有唯一一个消失点。

（2）画面中所有的横向线平行于纸的横边，所有的竖线垂直于纸的横边。

（3）画面中所有的斜线都经过消失点。

（4）画面进深长度目测。

其示例如图 2 – 1 所示。

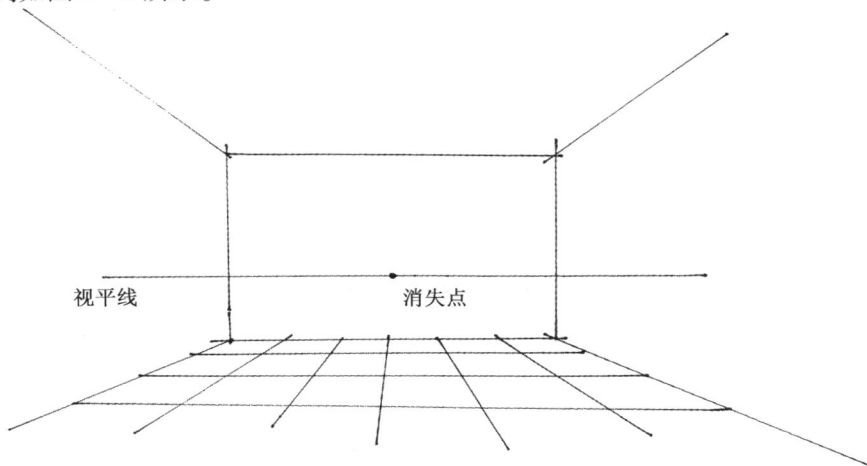

视平线　　　　　　　　　消失点

图 2 – 1　一点透视的快速画法示例

2.　一点透视室内手绘效果图范例

一点透视室内手绘效果图示例如图 2 - 2 和图 2 - 3 所示。

图 2 - 2　一点透视室内手绘效果图示例 1

图 2 - 3　一点透视室内手绘效果图示例 2

2.1.2　两点透视

1. 两点透视的快速画法

（1）画面中有左、右两个消失点，而且这两个消失点在同一条水平直线上。

（2）画面中所有向左倾斜的线过左消失点，所有向右倾斜的线过右消失点，所有竖线垂直于纸的横边。

（3）画面进深长度目测。

其示例如图 2 - 4 所示。

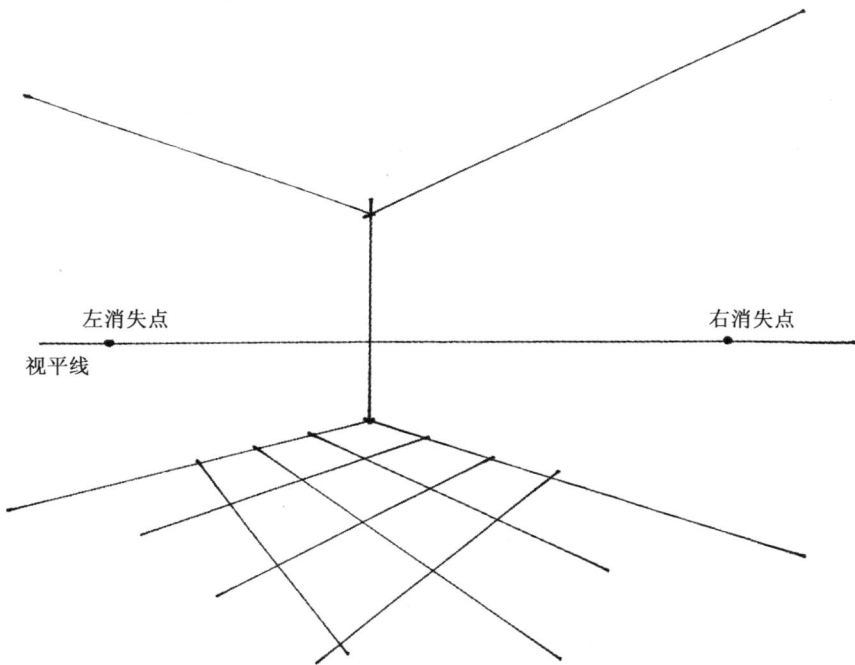

图 2 - 4　两点透视的快速画法示例

2. 两点透视室内手绘效果图范例

两点透视室内手绘效果图示例如图 2 - 5 和图 2 - 6 所示。

图 2 - 5　两点透视室内手绘效果图示例 1

图片来源：临 陈红卫. 手绘效果图典藏. 北京：中国经济文化出版社，2003

图 2 - 6　两点透视室内手绘效果图示例 2

2.1.3　微角透视

微角透视是一种特殊的两点透视，其中一个消失点可以在画面中找到，另一个消失点则比较远，可目测完成，如图 2-7 所示。

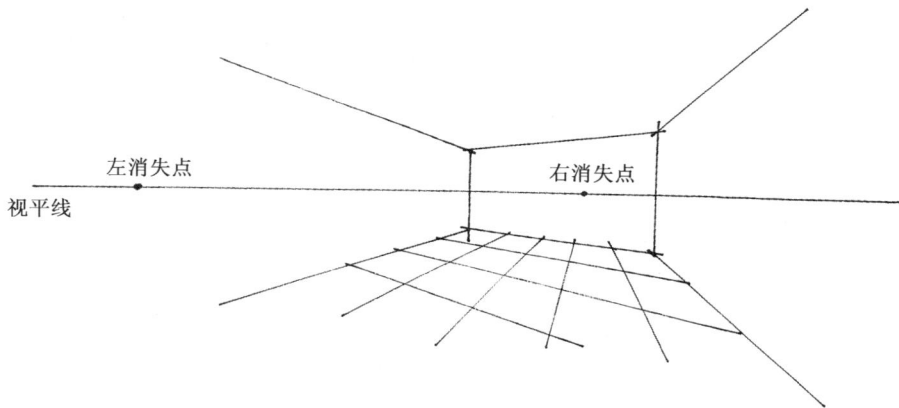

图 2-7　微角透视示例图

微角透视室内手绘效果图范例如图 2-8 和图 2-9 所示。

图 2-8　微角透视室内手绘效果图示例 1

图2-9　微角透视室内手绘效果图示例2

2.2　室内速写训练

2.2.1　客厅、餐厅及玄关

1. 客厅

客厅是家装设计的重点，也是手绘表现的核心。客厅包括沙发和茶几组合及视听空间组合两大主要内容。沙发和茶几是客厅待客交流及家人团聚的主要场所，沙发款式的选择、色彩的搭配都对室内气氛产生重要影响。视听空间配合背景主题墙是客厅的视觉中心，是客厅中最引人注目的一面墙，设计师通常采用各种造型手段、多种装饰材料来突出设计的个性和风格。其示例图如图2-10～图2-21所示。

2. 餐厅

餐厅是用餐的专用场所，力求简洁、卫生、舒适、实用。餐桌和餐椅是餐厅的主要家具，其大小应和空间比例相协调，酒柜也是餐厅中不可或缺的家具，它的款式也应与餐厅及室内的整体风格相一致。其示例图如图2-22～图2-25所示。

图 2 - 10　客厅透视效果图示例 1

图 2 - 11　客厅透视效果图示例 2

图 2 – 12　客厅透视效果图示例 3

图 2 – 13　客厅透视效果图示例 4

图 2 - 14　客厅透视效果图示例 5

图 2 - 15　客厅透视效果图示例 6

图 2-16　客厅透视效果图示例 7

图 2-17　客厅透视效果图示例 8

图 2 – 18　客厅透视效果图示例 9

图 2 – 19　客厅透视效果图示例 10

图 2－20　客厅透视效果图示例 11

图 2－21　客厅透视效果图示例 12

图 2 - 22 餐厅透视效果图示例 1

图 2 - 23 餐厅透视效果图示例 2（作者：陈扬）

图 2-24　餐厅透视效果图示例 3（作者：陈扬）

图 2-25　餐厅透视效果图示例 4（学生作业）

临摹：刘书良．手绘效果表现．广州：广东经济出版社，2004

3. 玄关

玄关是通往客厅的缓冲地带，避免入室的视线对客厅一目了然或打断客厅内的谈话气氛。同时玄关也包含了储物功能，是换鞋、放伞的场所，玄关的设计应尽量做到半通透性，减少视觉压抑感，常使用冰花玻璃，裂纹玻璃、列柱隔断等手法和材料。其示例图如图 2 - 26 所示。

图 2 - 26　玄关透视效果图示例

2. 2. 2　卧室

1. 主卧室

主卧室是主人休息睡眠的场所，应该营造出温馨、柔和、典雅、宁静的气氛。色彩以统一、和谐、淡雅为宜，灯光以温馨的暖黄色为基调。地面常用木地板、地毯。床和床头柜、衣柜、梳妆台是主卧室常用家具，款式应与室内整体风格相协调。其示例图如图 2 - 27 ～图 2 - 32 所示。

图 2-27　主卧室透视效果图示例 1

图 2-28　主卧室透视效果图示例 2

图 2－29　主卧室透视效果图示例 3

图 2－30　主卧室透视效果图示例 4

图 2 - 31　主卧室透视效果图示例 5

图 2 - 32　主卧室透视效果图示例 6（作者：文健）

2. 儿童房

儿童房可分为学习娱乐区、睡眠区和储物区。地面一般用木地板和装饰地毯，墙面用软包，以免磕碰，或用墙纸增加童趣。

家具处理成圆角，睡眠区可采用榻榻米加席梦思床垫，安全舒适。学习区可设计书框、书桌和计算机桌。对于非学龄儿童，可设计玩耍空间，利用储物区放置大量玩具。其示例图如图 2－33 ～图 2－35 所示。

图 2－33　儿童房透视效果图示例 1（作者：胡娉、宋娓妮）

图 2－34　儿童房透视效果图示例 2（作者：文健、王燕）

图 2 – 35　儿童房透视效果图示例 3（作者：文健）

2.2.3　厨房、卫生间、阳台

1. 厨房

厨房是家人做饭的场所，厨房内的配置包括现代化和多功能橱柜、电冰箱、微波炉及开放式小酒吧台等。厨房的设计一般采用"L"形和"U"形布局，门用玻璃推拉门，地面用防滑地砖。其示例图如图 2 – 36 和图 2 – 37 所示。

图 2 – 36　厨房透视效果图示例 1

图 2 - 37　厨房透视效果图示例 2（作者：胡娉、王玉霞）

2. 卫生间

卫生间是卫浴的场所。卫生间的配置包括浴缸或淋浴区、坐便器、洗手台和镜子等。卫生间的设计要处理好通风采光问题，注意好功能分区，也可以富于其浪漫和情调，使其成为休闲的场所之一。其示例图如图 2 - 38 ～图 2 - 41 所示。

图 2 - 38　卫生间透视效果图示例 1

图 2 - 39 卫生间透视效果图示例 2

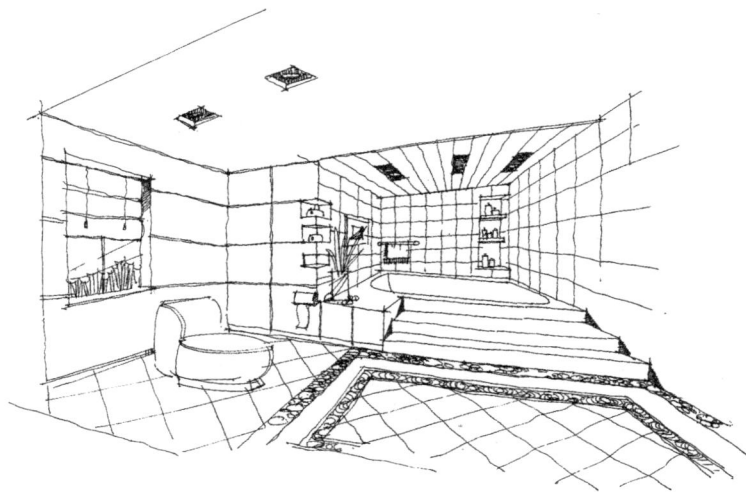

图 2 - 40 卫生间透视效果图示例 3

图 2-41　卫生间透视效果图示例 4（作者：陈红卫）

3. 阳台

　　阳台是晾晒衣服和休闲的场所。大一点的阳台可设计成休闲一角。如地面局部铺鹅卵石增加对足底的按摩，设置园林绿化，小桥、流水，绿树、石凳充分体现回归自然的风情，让家人的心情在此处得到放松和休养。其示例图如图 2-42～图 2-44 所示。

图 2-42　阳台透视效果图示例 1

图 2 - 43　阳台透视效果图示例 2

图 2 - 44　阳台透视效果图示例 3

2.2.4　别墅客厅、复式空间

别墅客厅、复式空间示例图如图 2 - 45 ～图 2 - 48 所示。

图 2 - 45　别墅客厅、复式空间透视效果图示例 1

图 2 - 46　别墅客厅、复式空间透视效果图示例 2（作者：文健、翁乐丹）

图 2 – 47　别墅客厅透视效果图示例 3（作者：官凌云）

图 2 – 48　别墅客厅透视效果图示例 4（作者：官凌云）

2.2.5　公装

公装透视效果图示例如图 2 − 49 ～图 2 − 52 所示。

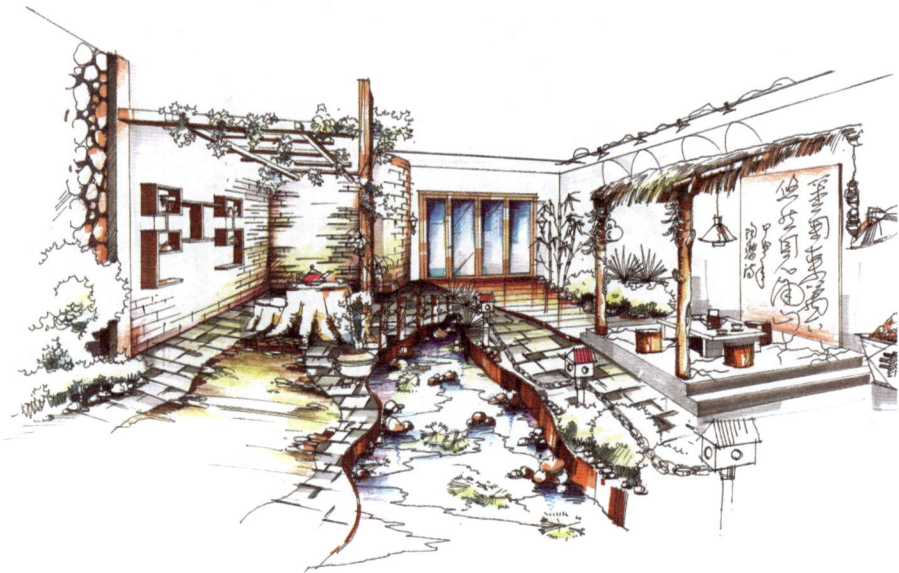

图 2 − 49　公装透视效果图示例 1（作者：文健、黄畅）

图 2 − 50　公装透视效果图示例 2（作者：林文冬）

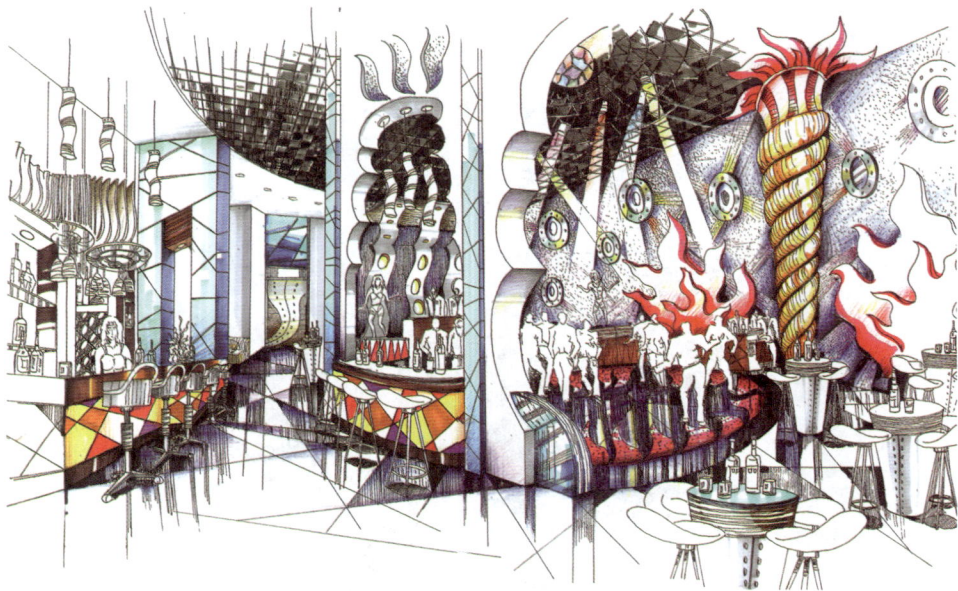

图 2 – 51　公装透视效果图示例 3

图 2 – 52　公装透视效果图示例 4

◆思◆考◆题◆

1. 请绘制一幅一点透视客厅图。
2. 请绘制一幅一点透视卧室图。
3. 请绘制一幅两点透视客厅图。
4. 请绘制一幅两点透视卧室图。
5. 请绘制一幅微角透视客厅图。
6. 请绘制一幅微角透视卧室图。
7. 请绘制一幅客厅透视效果图。
8. 请绘制一幅餐厅透视效果图。
9. 请绘制一幅玄关透视效果图。
10. 请绘制一幅主卧室透视效果图。
11. 请绘制一幅儿童房透视效果图。
12. 请绘制一幅厨房透视效果图。
13. 请绘制一幅卫生间透视效果图。
14. 请绘制一幅阳台透视效果图。
15. 请绘制一幅别墅客厅透视效果图。
16. 请绘制一幅公装透视效果图。

第 3 章　着色篇

3.1　彩色铅笔技法

彩色铅笔是当代设计师较喜爱的一种着色工具。它携带方便，色彩丰富，表现手段快速、简捷，非常适合快速设计草图的着色。彩色铅笔也可以通过精细的排列组合使色彩层次过渡细腻、自然，从而达到逼真的效果。

彩色铅笔中水溶性彩色铅笔应用较广。它可以通过与水的融合达到色彩渐变的效果，使画面有润泽感。

彩色铅笔的着色训练分为单一室内物体着色训练和空间着色训练两个方面。

1. 单一室内物体着色训练

彩色铅笔单一室内物体着色训练示例如图 3 – 1～图 3 – 78 所示。

图 3 – 1　单一室内物体
着色训练示例 1

图 3 – 2　单一室内物体
着色训练示例 2

图 3 - 3　单一室内物体
着色训练示例 3

图 3 - 4　单一室内物体
着色训练示例 4

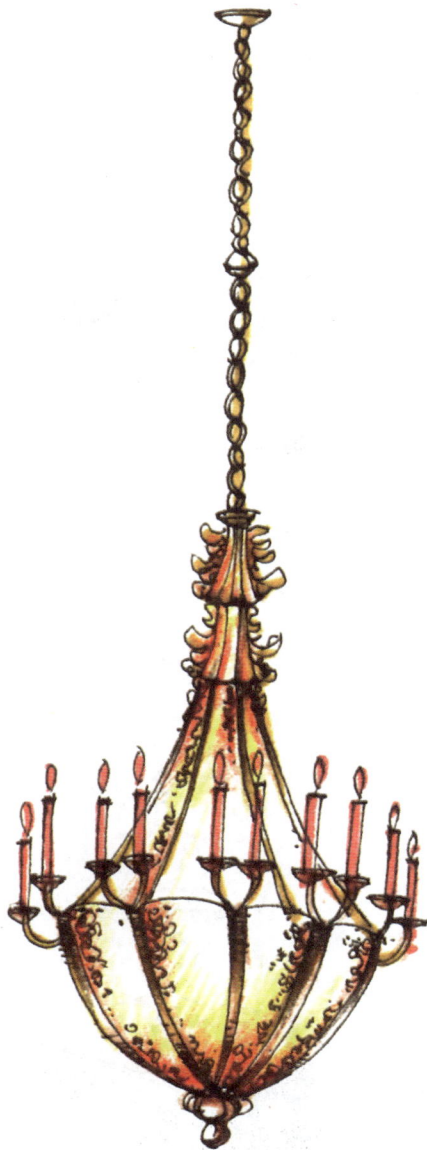

图 3 - 5　单一室内物体
着色训练示例 5

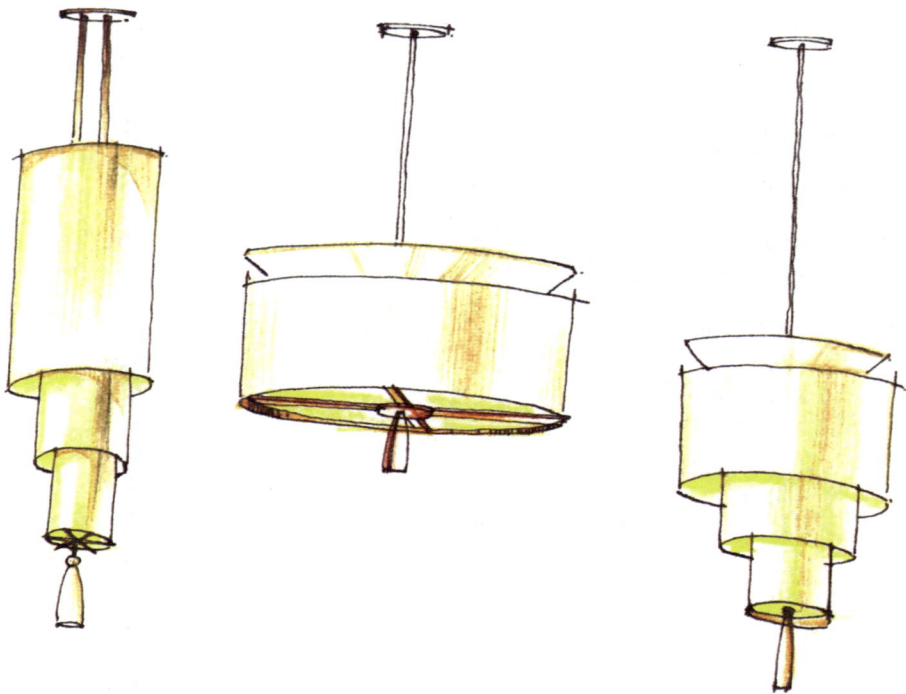

图 3 - 6　单一室内物体着色训练示例 6

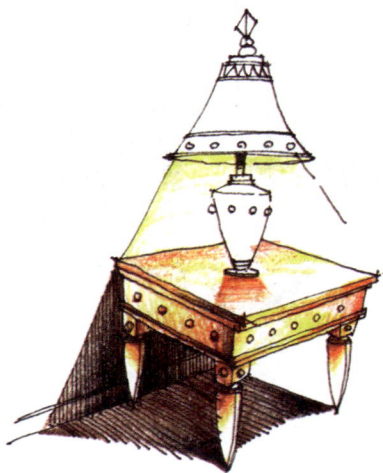

图 3 - 7　单一室内物体
着色训练示例 7

图 3 - 8　单一室内物体
着色训练示例 8

图 3 – 10 单一室内物体
着色训练示例 10

图 3 – 9 单一室内物体
着色训练示例 9

图 3 – 11 单一室内物体
着色训练示例 11

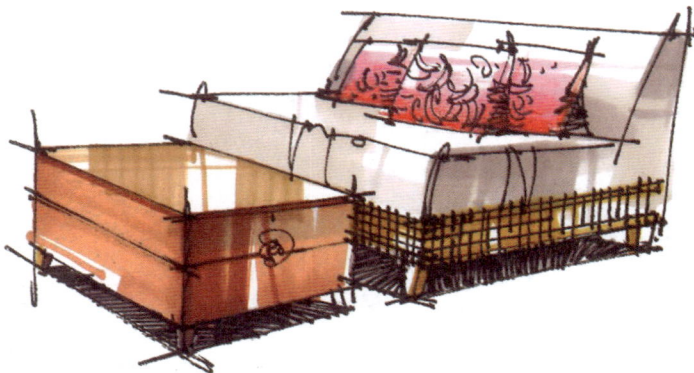

图 3 – 12　单一室内物体着色训练示例 12

图 3 – 13　单一室内物体着色训练示例 13

图 3 – 14　单一室内物体着色训练示例 14

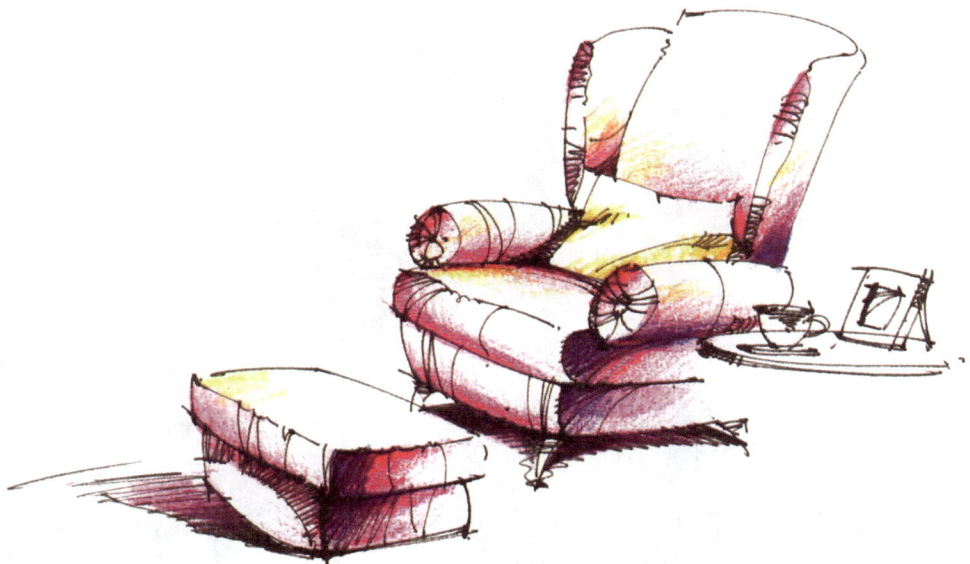

图 3 – 15 单一室内物体着色训练示例 15

图 3 – 16 单一室内物体着色训练示例 16

手绘效果图表现技法

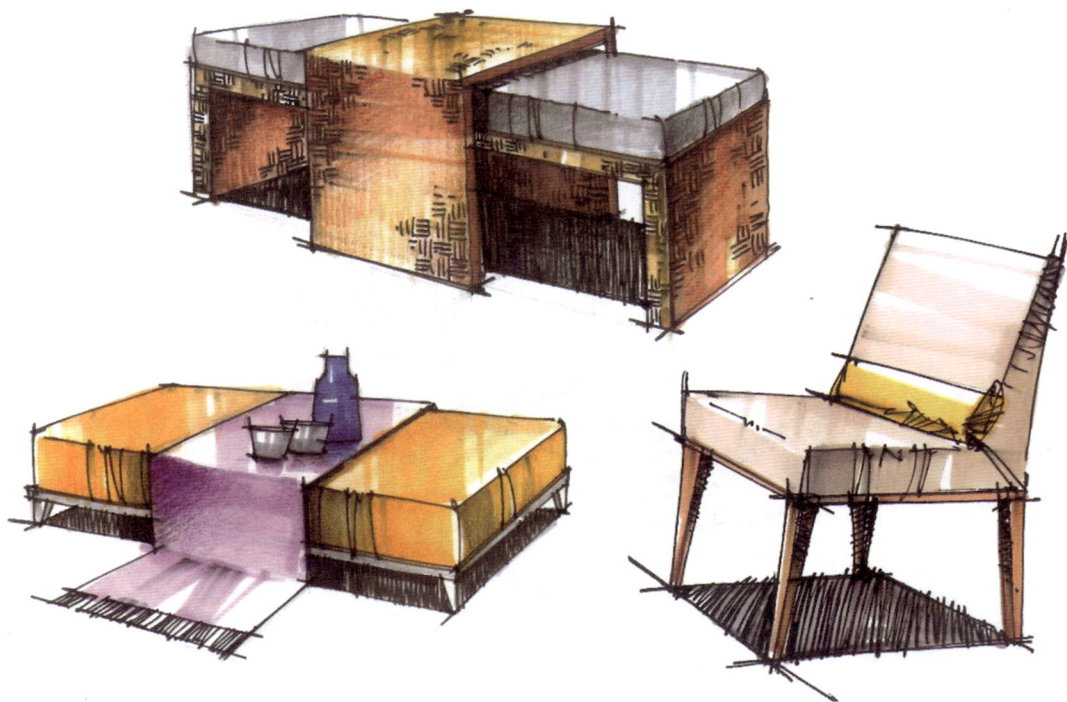

图 3 – 17　单一室内物体着色训练示例 17

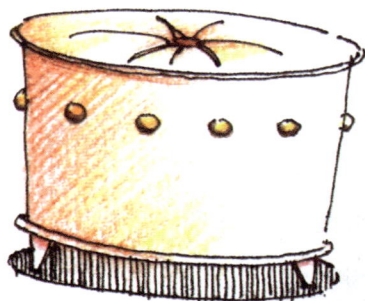

图 3 – 18　单一室内物体
着色训练示例 18

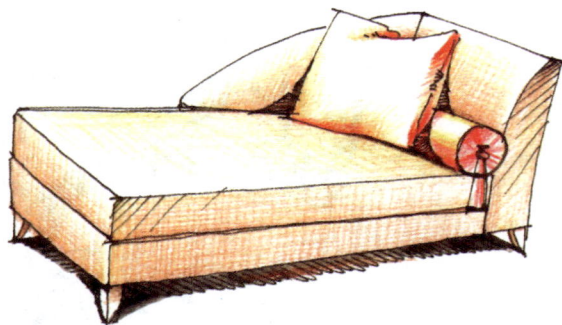

图 3 – 19　单一室内物体
着色训练示例 19

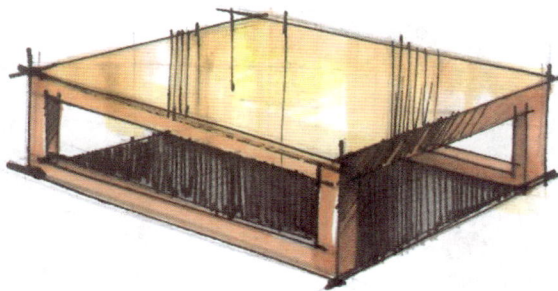

图 3 - 20　单一室内物体着色训练示例 20

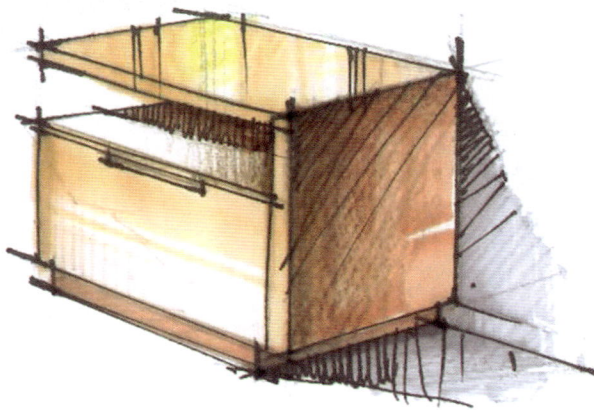

图 3 - 21　单一室内物体着色训练示例 21

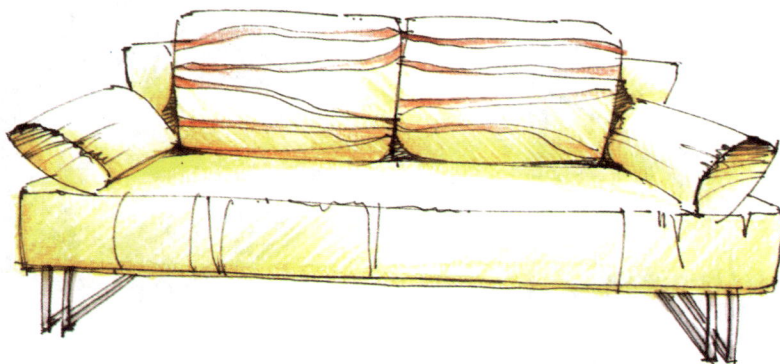

图 3 - 22　单一室内物体着色训练示例 22

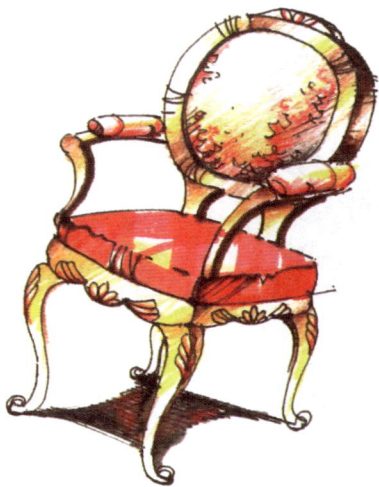

图 3 – 23　单一室内物体
着色训练示例 23

图 3 – 24　单一室内物体
着色训练示例 24

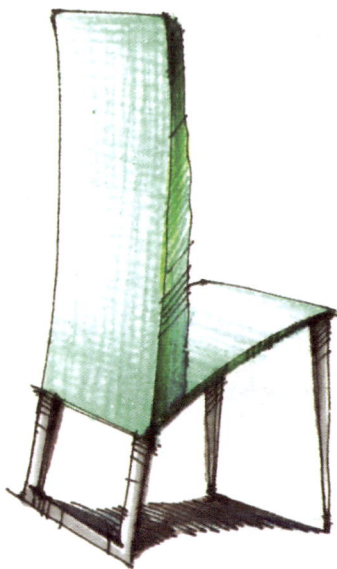

图 3 – 25　单一室内物体
着色训练示例 25

图 3 – 26　单一室内物体
着色训练示例 26

图 3 – 27 单一室内物体
着色训练示例 27

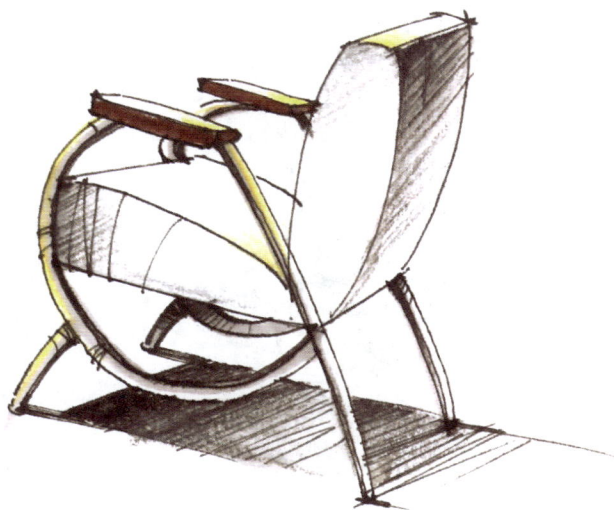

图 3 – 28 单一室内物体
着色训练示例 28

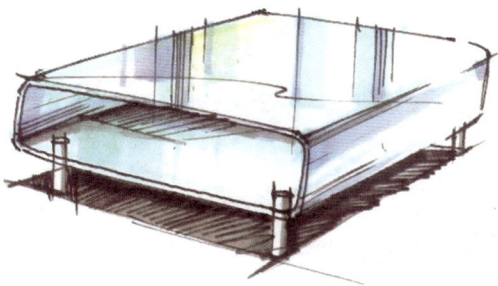

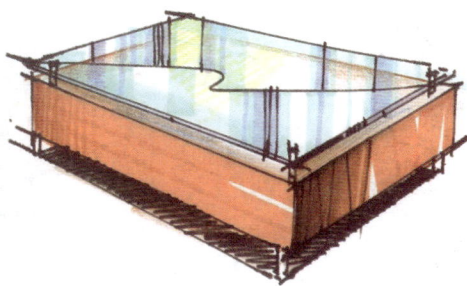

图 3 – 29 单一室内物体着色训练示例 29

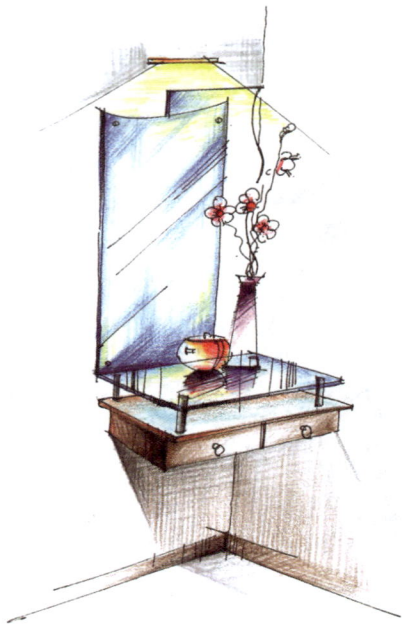

图 3 – 30　单一室内物体
着色训练示例 30

图 3 – 31　单一室内物体
着色训练示例 31

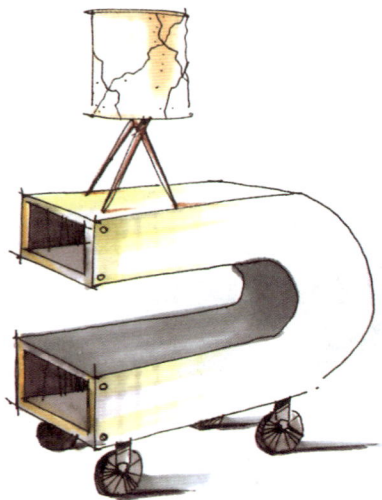

图 3 – 32　单一室内物体
着色训练示例 32

图 3 – 33　单一室内物体
着色训练示例 33

图 3 – 34 单一室内物体
着色训练示例 34

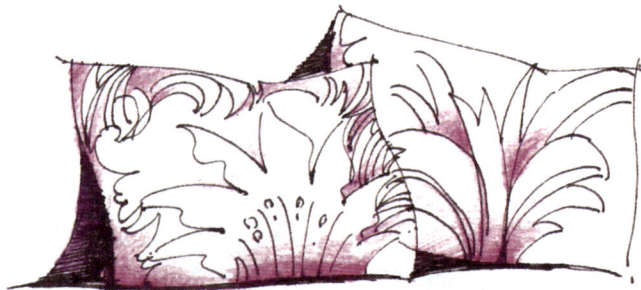

图 3 – 35 单一室内物体
着色训练示例 35

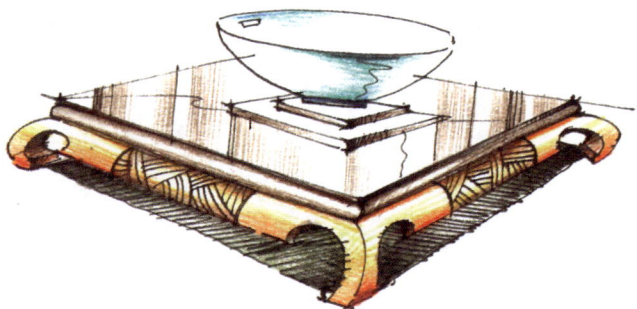

图 3 – 36 单一室内物体着色训练示例 36

图 3 – 37 单一室内物体着色训练示例 37

图 3 – 38 　单一室内物体
着色训练示例 38

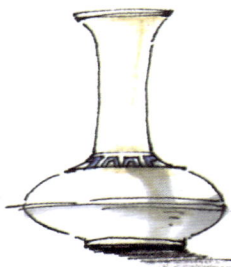

图 3 – 39 　单一室内物体
着色训练示例 39

图 3 – 40 　单一室内物体
着色训练示例 40

图 3 – 41 　单一室内物体
着色训练示例 41

图 3 – 42 单一室内物体
着色训练示例 42

图 3 – 43 单一室内物体
着色训练示例 43

图 3 – 44 单一室内物体
着色训练示例 44

图 3 – 45 单一室内物体
着色训练示例 45

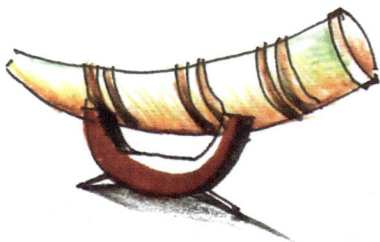

图 3 – 46　单一室内物体
着色训练示例 46

图 3 – 47　单一室内物体
着色训练示例 47

图 3 – 48　单一室内物体
着色训练示例 48

图 3 – 49　单一室内物体
着色训练示例 49

图 3 – 50　单一室内物体
　　　　　着色训练示例 50

图 3 – 51　单一室内物体
　　　　　着色训练示例 51

图 3 – 52　单一室内物体
　　　　　着色训练示例 52

图 3 – 53　单一室内物体
　　　　　着色训练示例 53

图 3 – 54 单一室内物体
着色训练示例 54

图 3 – 55 单一室内物体
着色训练示例 55

图 3 – 56 单一室内物体
着色训练示例 56

图 3 – 57 单一室内物体
着色训练示例 57

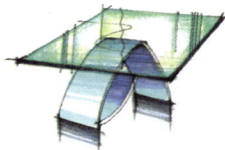

图 3 - 58　单一室内物体
着色训练示例 58

图 3 - 59　单一室内物体
着色训练示例 59

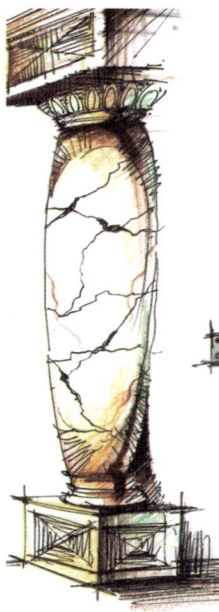

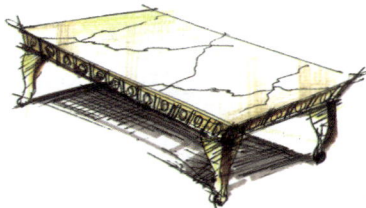

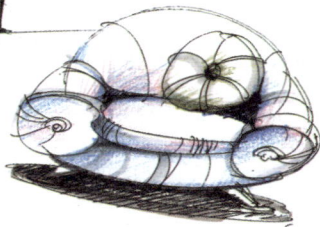

图 3 - 60　单一室内物体着色训练示例 60

图 3 – 61　　单一室内物体着色训练示例 61

图 3 – 62　　单一室内物体着色训练示例 62

图 3 - 63　单一室内物体
着色训练示例 63

图 3 - 64　单一室内物体
着色训练示例 64

图 3 - 65　单一室内物体着色训练示例 65

图 3 - 66　单一室内物体
着色训练示例 66

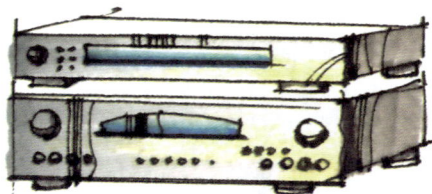

图 3 - 67　单一室内物体
着色训练示例 67

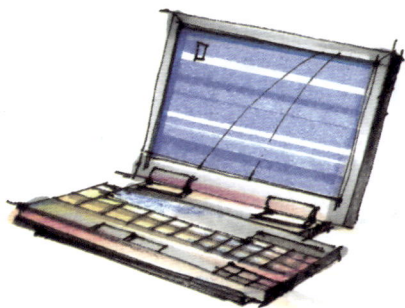

图 3 - 68　单一室内物体
着色训练示例 68

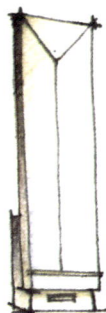

图 3 - 69　单一室内物体
着色训练示例 69

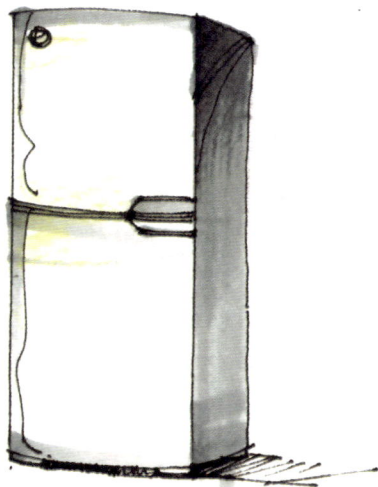

图 3 - 70　单一室内物体
着色训练示例 70

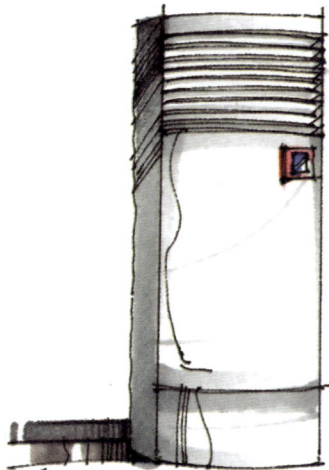

图 3 - 71　单一室内物体
着色训练示例 71

图 3 - 72　单一室内物体
　　　　　　着色训练示例 72

图 3 - 73　单一室内物体
　　　　　　着色训练示例 73

图 3 - 74　单一室内物体
　　　　　　着色训练示例 74

图 3 - 75　单一室内物体
　　　　　　着色训练示例 75

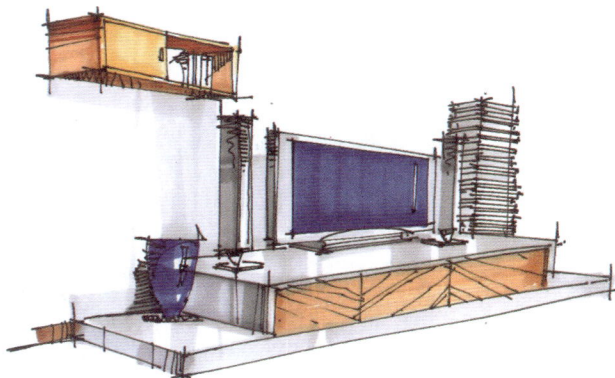

图 3 – 76　　单一室内物体着色训练示例 76

图 3 – 77　　单一室内物体着色训练示例 77

图 3 – 78　　单一室内物体着色训练示例 78

2. 空间着色训练

　　彩色铅笔的着色应与钢笔线条相结合，利用钢笔线条勾画空间轮廓、物体轮廓，运用彩色铅笔着色。其示例图如图 3 – 79 ～ 图 3 – 81 所示。

图 3 – 79　彩色铅笔空间着色训练示例 1（作者：文健）

图 3 – 80　彩色铅笔空间着色训练示例 2（作者：文健）

图3-81　彩色铅笔空间着色训练示例3（作者：崔笑声）

3.2　马克笔技法

马克笔是常用的一种快速设计草图着色工具，它笔触明显，线条刚直、帅气，通过线面结合达到色彩关系的变化。

马克笔色彩效果强烈，立体感强，笔触富有节奏美。马克笔的训练分为单一室内物体着色训练和空间着色训练。

1. 单一室内物体着色训练

单一室内物体着色训练示意图如图3-82～图3-121所示。

图3-82　马克笔单一室内物体着色训练示例1

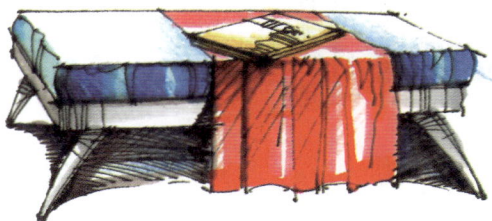

图 3 - 83　马克笔单一室内物体
着色训练示例 2

图 3 - 84　马克笔单一室内物体
着色训练示例 3

图 3 - 85　马克笔单一室内物体
着色训练示例 4

图 3 - 86　马克笔单一室内物体
着色训练示例 5

图 3 - 87　　马克笔单一室内物体着色训练示例 6

图 3 - 88　　马克笔单一室内物体
着色训练示例 7

图 3 - 89　　马克笔单一室内物体
着色训练示例 8

图 3 – 90　马克笔单一室内物体
着色训练示例 9

图 3 – 91　马克笔单一室内物体
着色训练示例 10

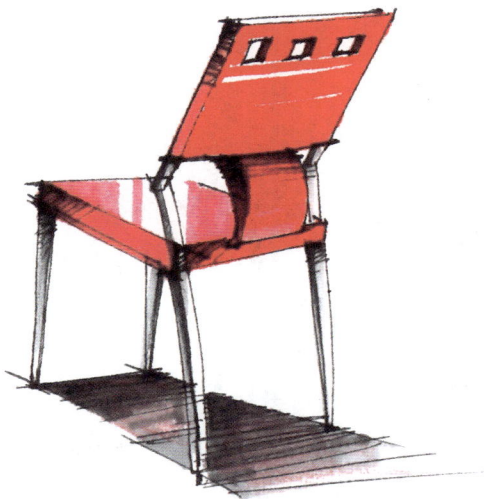

图 3 – 92　马克笔单一室内物体
着色训练示例 11

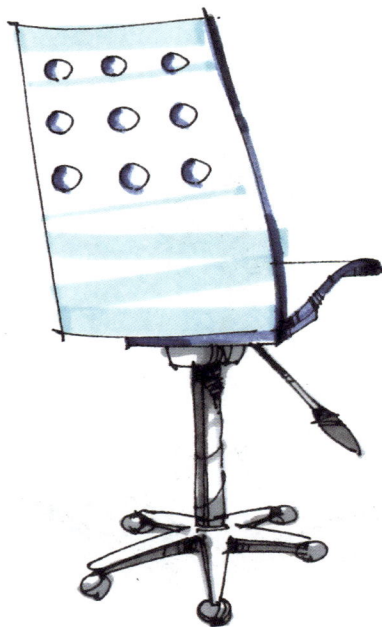

图 3 – 93　马克笔单一室内物体
着色训练示例 12

手绘效果图表现技法

图 3 - 94　马克笔单一室内物体
着色训练示例 13

图 3 - 95　马克笔单一室内物体
着色训练示例 14

图 3 - 96　马克笔单一室内物体
着色训练示例 15

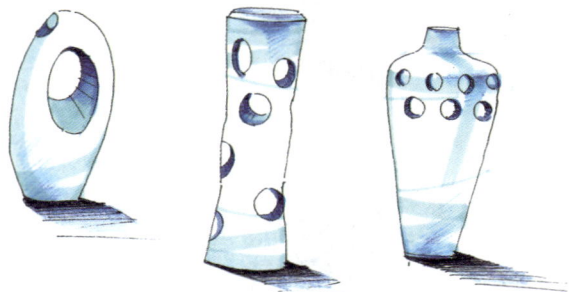

图 3 - 97　马克笔单一室内物体
着色训练示例 16

图 3 – 98 马克笔单一室内物体
着色训练示例 17

图 3 – 99 马克笔单一室内物体
着色训练示例 18

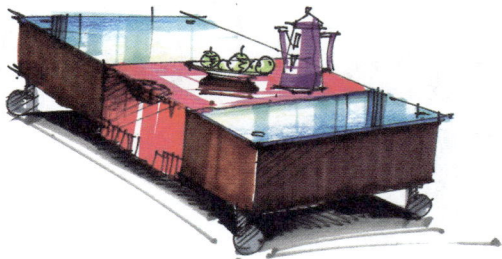

图 3 – 100 马克笔单一室内物体
着色训练示例 19

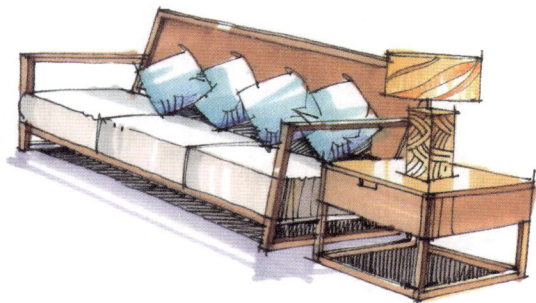

图 3 – 101 马克笔单一室内物体
着色训练示例 20

图 3－102　马克笔单一室内物体着色训练示例 21

图 3－103　马克笔单一室内物体
着色训练示例 22

图 3－104　马克笔单一室内物体
着色训练示例 23

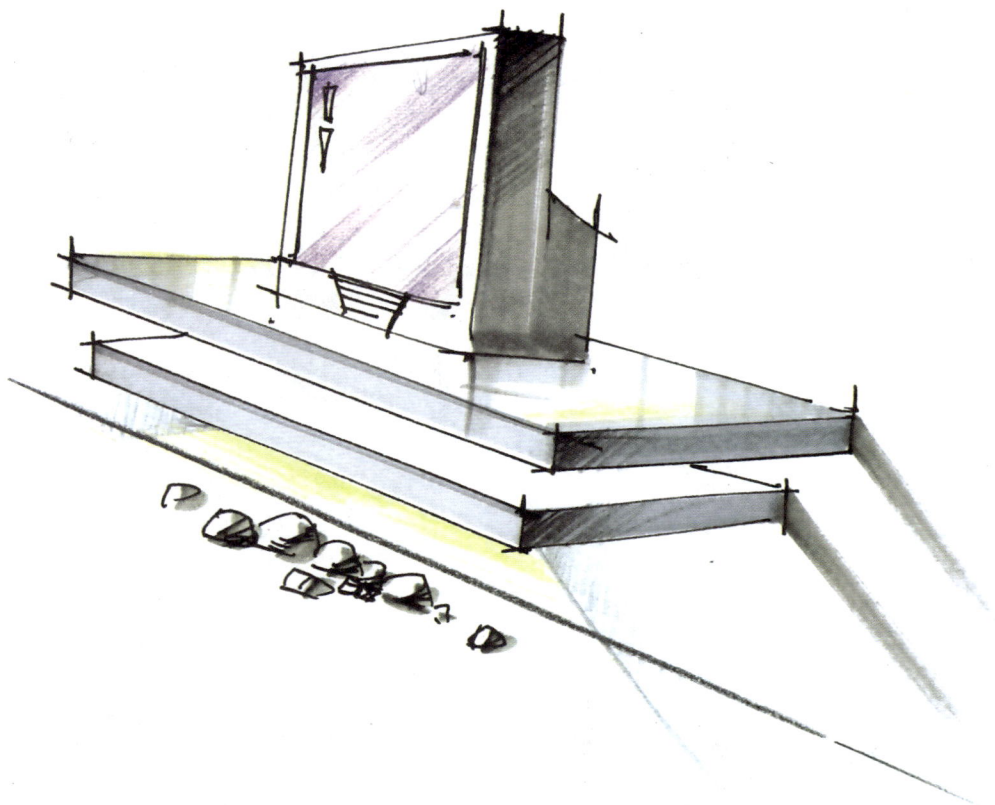

图 3 – 105　马克笔单一室内物体着色训练示例 24

图 3 – 106　马克笔单一室内物体
着色训练示例 25

图 3 – 107　马克笔单一室内物体
着色训练示例 26

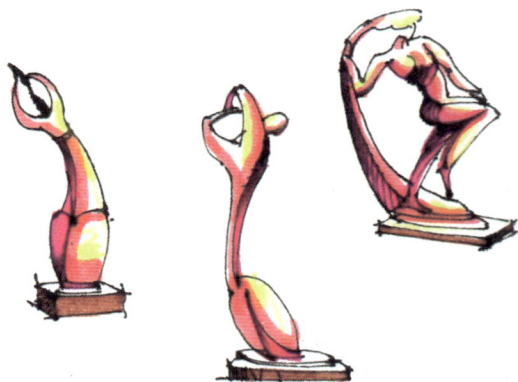

图 3 - 108　马克笔单一室内物体
着色训练示例 27

图 3 - 109　马克笔单一室内物体
着色训练示例 28

图 3 - 110　马克笔单一室内物体
着色训练示例 29

图 3 - 111　马克笔单一室内物体
着色训练示例 30

图 3－112　马克笔单一室内物体
着色训练示例 31

图 3－113　马克笔单一室内物体
着色训练示例 32

图 3－114　马克笔单一室内物体着色训练示例 33

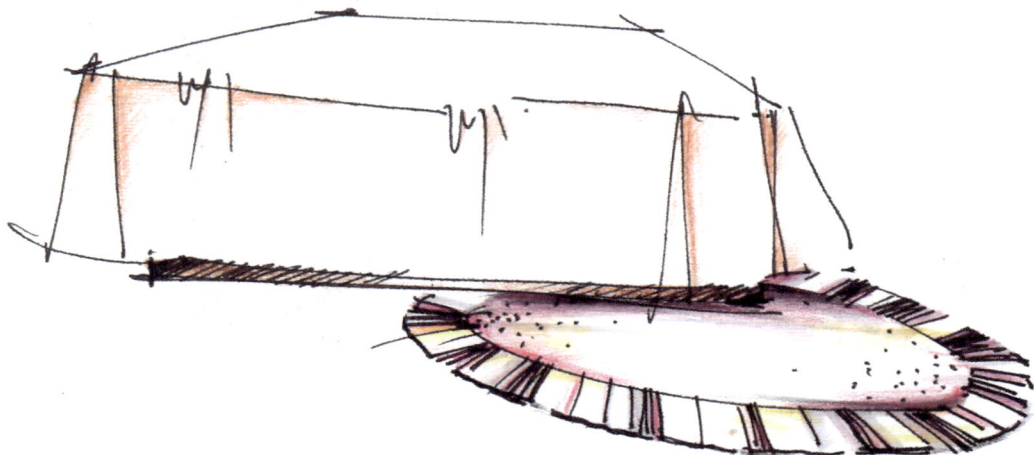

图 3 – 115 马克笔单一室内物体着色训练示例 34

图 3 – 116 马克笔单一室内物体着色训练示例 35

图 3 – 117　马克笔单一室内物体着色训练示例 36

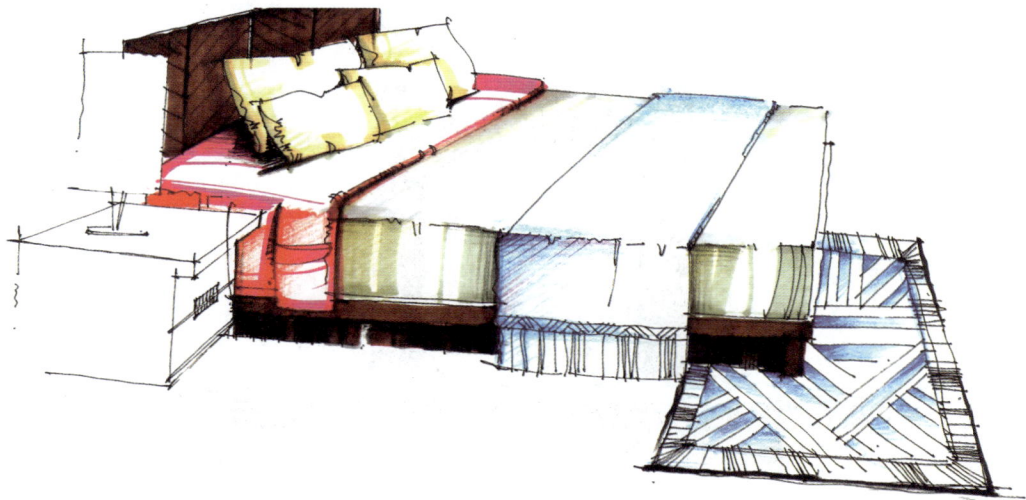

图 3 – 118　马克笔单一室内物体着色训练示例 37（作者：陈杨浩、石树勇）

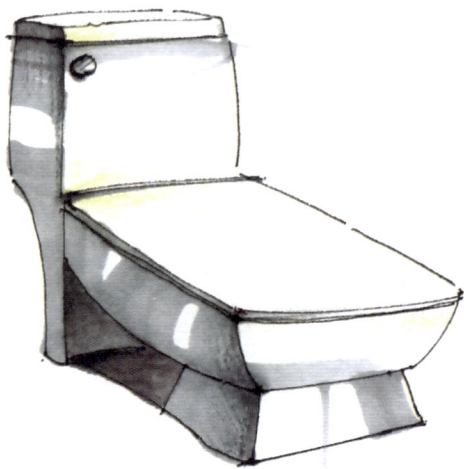

图 3 – 119　马克笔单一室内物体
着色训练示例 38

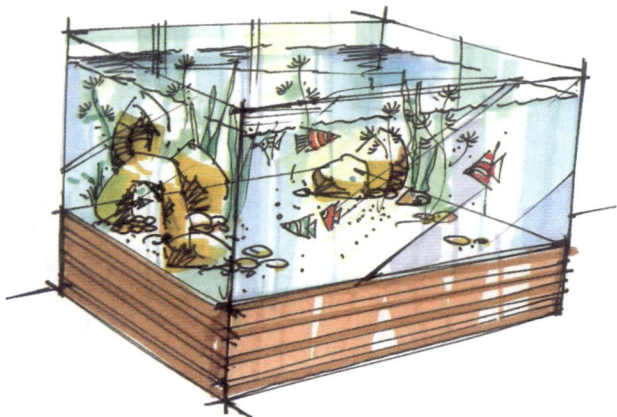

图 3 – 120　马克笔单一室内物体
着色训练示例 39

图 3 – 121　马克笔单一室内物体着色训练示例 40（电视墙概念设计，作者：文健）

2. 空间着色训练

用马克笔进行空间着色训练的示例如图 3 – 122 ～图 3 – 124 所示。

图 3 – 122　马克笔空间着色训练示例 1（电视背景墙设计，作者：胡娉、陈伟锐）

图 3 – 123　马克笔空间着色训练示例 2（作者：文健、陈伟锐）

图 3 – 124　马克笔空间着色训练示例 3（作者：林文冬）

3.3　水彩表现技法

　　水彩颜料透明性强，色彩淡雅细腻，色调明快。水彩表现技法可使画面的润泽而有生气，轻松自然。

　　水彩着色一般由浅入深，通过颜色的层层叠加体现出画面的色彩变化，亮部和高光需预先留出，绘制时要注意笔端含水量的控制。水分太多，会使画面水迹斑驳，色彩灰涩，没有轮廓，结构模糊；水分太少，色彩枯涩，没有生气，透明感降低，影响画面清新、明快的感觉。

　　水彩着色还应注意用笔的灵活变化，提、按、拖、扫、摆、点等多种手法并用，可使画面笔触效果妙趣横生，平涂、叠加、湿接、湿滴、滴水、撒盐等技法的使用也可大大增强水彩的表现力。其示例如图 3 – 125 ～图 3 – 128 所示。

图 3 – 125　水彩表现技法示例 1

图 3 – 126　水彩表现技法示例 2

图 3 – 127　水彩表现技法示例 3（作者：谭立予）

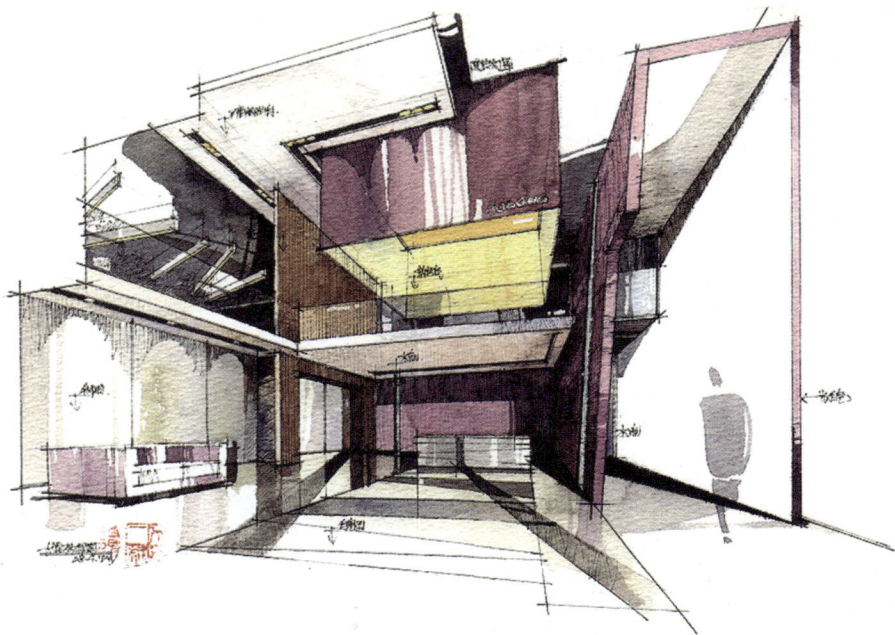

图 3 – 128　水彩表现技法示例 4（作者：谭立予）

思 考 题

1. 用彩色铅笔进行 20 幅室内单一物体着色训练。
2. 观察日常生活中的室内陈设，把它们用钢笔写生下来，并用彩铅着色。
3. 用马克笔进行 20 幅室内单一物体着色训练。
4. 观察日常生活中的室内陈设，把它们用钢笔写生下来，并用马克笔着色。

第 4 章　空间创作篇

　　手绘效果图的空间创作是一项综合性训练，它分为两大训练内容：首先，需要准确而真实地再现所要表现的室内内部空间尺度、结构关系、布局、采光、照明、天花、墙面、地面造型、家具样式、材料质感等设计要素；其次，需要配合这些设计要素进行完美的艺术加工，表现出一幅生动的室内画面。

　　艺术设计创作是一种主观性很强的个体创造行为。作为这种行为主要承担者的设计师更应该具有全新的设计理念、独特的设计眼光、广博的知识面和精深的艺术修养。每一位设计师都希望自己的设计作品是有创意并为人所接受的，但是初学者由于设计经验不足，很难做到这一点。这就要求初学者必须先模仿优秀的设计作品，掌握一定的表现技巧，积累一些视觉经验，逐渐摸索出一套有个人特色的设计方法，最终让自己的设计作品在美学和实际需求之间达到一种调和关系，从而让自己的设计作品和设计理念为大众所接受。

4.1　手绘表现技巧

　　手绘效果图表现技法中有许多表现方面的技巧。诸如手绘线描的技巧、手绘构图的技巧、手绘光影的技巧、手绘造型的技巧等。通过对这些表现技巧的分类练习，可以为空间创作做好准备，为以后更好地烘托和渲染室内空间气氛，增强艺术感染力打下良好的基础。

4.1.1　手绘线描的技巧

　　手绘线描的主要工具是针管笔，它所绘制的线条流畅、生动，富有节奏感和韵律感。可快可慢、可直可曲、可疏可密、可刚可柔、可顿可挫，通过自身的变化达到作画的目的。手绘线描应该注意以下几个方面的问题。

　　(1)"一笔线"即手绘线描所绘制的线条要求一笔画线，不能重叠往复，且所绘线条两头重、中间轻，刚劲有力。如图 4 -1 所示。

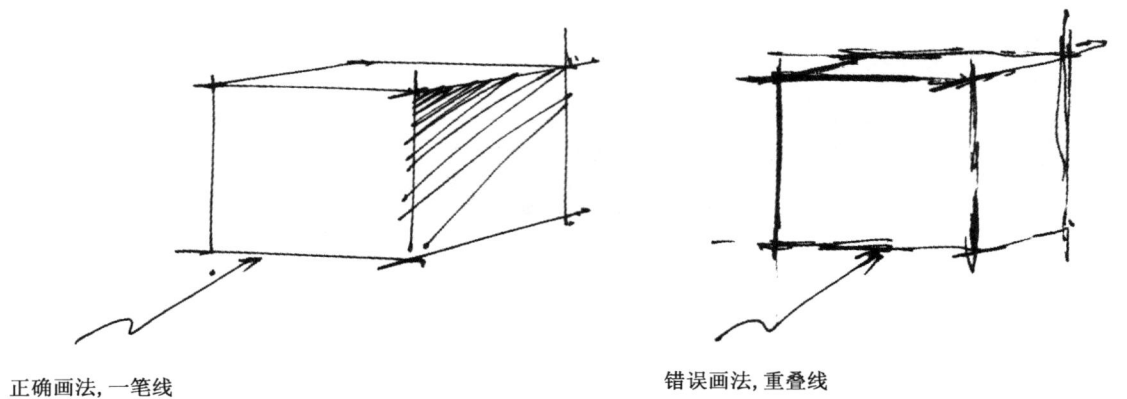

正确画法,一笔线　　　　　　　　　　　　　　　　错误画法,重叠线

图 4 - 1　手绘线描表现技法示例 1

（2）"线条的变化"即手绘线描所绘制的线条要有生动的变化，如软硬表示质感、粗细代表虚实、急缓示意强弱、疏密体现层次等。如图 4 - 2 所示。

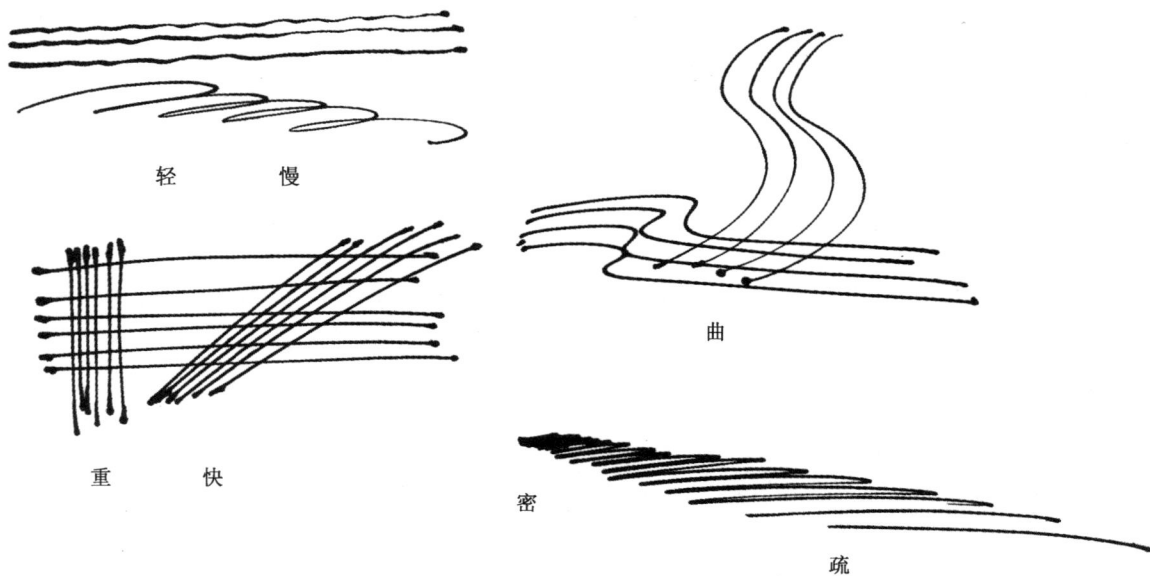

轻　　　　慢

重　　　快

曲

密

疏

图 4 - 2　手绘线描表现技法示例 2

（3）手绘线描的忌讳示例如图 4 - 3 所示。

（√）　　　　　　　　　　　　　　　（×）

运笔要放松，一次一条线，切忌分小段往复描绘

（√）　　　　　　　　　　　　　　　（×）

过长的线可断开、分段画，线条搭接易出小点

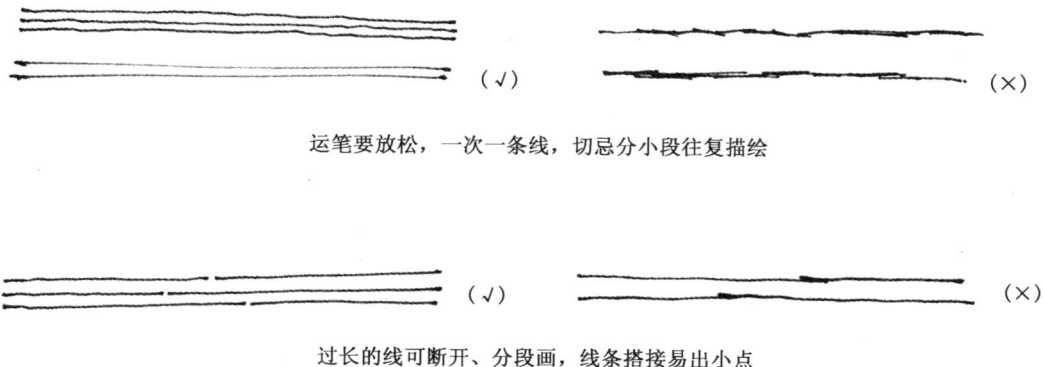

图 4 - 3　手绘线描表现技法示例 3

4.1.2　手绘构图的技巧

构图是设计师对画面整体把握和处理能力的综合表现。设计师通过对画面中视觉语言，诸如点、线、面、黑、白、灰、节奏、韵律、笔触、色彩等的挖掘，使画面达到平衡和协调。

构图包含以下两层含意：

其一，是指将所描绘的对象安排在画面的适当位置，即布局；其二，是指把众多的视觉元素在画面中有机地组合起来，形成既对比又统一的视觉平衡，即构成。

手绘构图技巧包括以下几个方面。

（1）幅式的选择

幅式的选择即构图的横竖式选择。

横式构图：有安定、平稳之感，使空间开阔舒展。

竖式构图：有高耸上升之势，使空间雄伟、挺拔。

室内一般采用横式构图。

（2）容量的确定

容量的确定即室内物体在画面上所占面积的大小与周围空间的比例关系。

室内陈设太多，容量太满——画面拥挤、局促，有闭塞和压抑之感。不易表现空间感和纵深感。这时应适当减少或省去一部分物体的表现，使画面"透气"。

室内陈设太少，容量太稀——画面空旷、冷清，降低了装修档次，这时可通过增加一些绿化或摆设小工艺品来增加画面的容量和趣味性。

室内容量的确定与室内空间大小密切相关：空间大，容量可适当增大；空间小，容量减小。同时它也与室内风格相关：古典风格中，容量较满，细节装饰较多；简约风格中，容量较稀，空间整体细节装饰少（初学者可先在草图上用铅笔布置）。

（3）画面的视觉中心确立

　　所谓视觉中心，就是在一定范围内引起人们注意的目标。视觉中心既有欣赏价值，又在空间上起到一定的注视和引导作用，常出现在画面的中心处和容易迷失方向的关键部位。

　　构图应该有主次之分，视觉中心就是设计的重点，可通过优美的造型、独特的陈设、别致的材质、对比强烈的色彩等手法来体现。

　　（4）画面的均衡

　　画面的均衡即使视觉达到某种协调和平衡。包括上下视觉均衡、左右视觉均衡、前后视觉均衡。上下视觉均衡的表现是上轻下重，前轻后重。左右视觉均衡和前后视觉均衡可通过色调的轻重、室内陈设物体积的大小来实现。如图4-4所示。

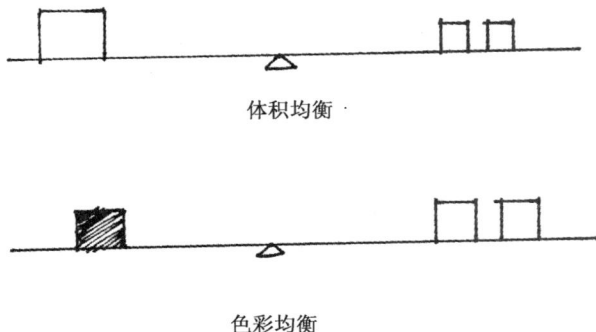

体积均衡

色彩均衡

图4-4　画面的均衡表现示例

　　（5）画面的黑白配置

　　画面的黑白配置即画面中深色和浅色的合理搭配。一幅好的手绘效果，复印稿也很好，这就说明黑白的构成是隐含在画面审美中的，画面中的黑与白的节奏感、韵律感是有一定规律的。正如中国的水墨画一样，讲究计白当黑。

　　（6）点、线、面的配置

　　点、线、面是基本的图形艺术元素，就好比文章中的字、词、句。

　　点给人以孤立、微小的感觉，重复的点可以形成一定的秩序感，并产生视觉协调的效果。

　　线可分为曲线和直线。曲线细腻，给人阴柔之美；直线，刚劲有力，有阳刚之气。

　　面的重叠、透叠可以产生空间变换的效果。

　　在手绘效果图中，对点、线、面的配置要求做到：点的分散与集中，线的变化与统一，面的整体与局部。

　　（7）外轮廓节奏体现

　　这主要指画面的边缘往往采用裁剪式构图，从而使画面具有不规则的边缘，使构图形式更加活泼。如在画面的边缘处用植物收边，但植物只画出局部，可表现出边缘的节奏感。

4.1.3　手绘光影的技巧

光影是造型的生命，有了光影，人们才能感知体积和空间的存在。

光影的绘制和渲染效果直接影响整个室内设计的格调、气氛、档次及效果水平。

光影是由于光照而产生的，表现光影主要应分析光照的规律，如图 4-5 所示。

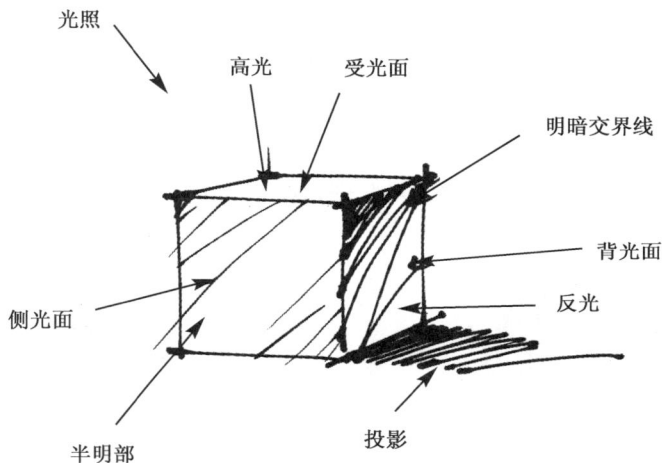

图 4-5　手绘光影的技巧示例

光影表现时应注意虚实、疏密的表现，如图 4-6 所示。

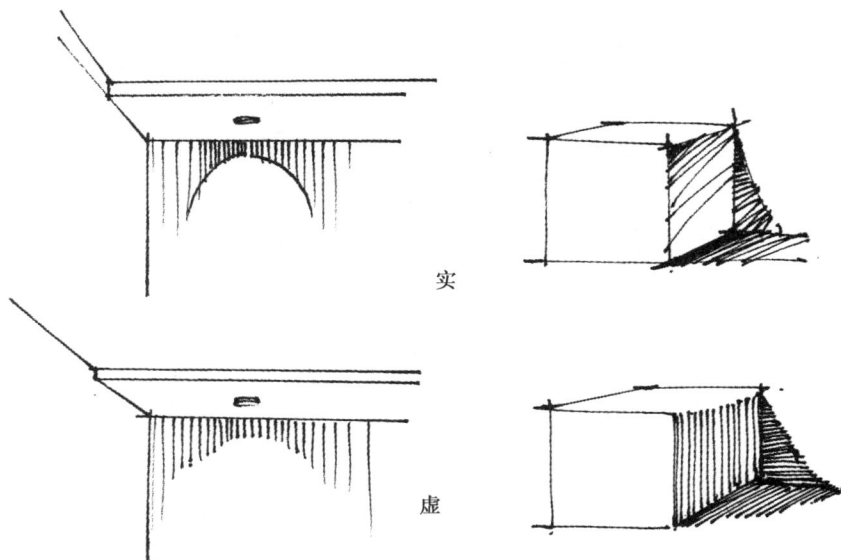

图 4-6　光影表现示例

4.1.4 手绘造型的技巧

手绘造型的技巧是指挖掘出造型中约定俗成的规律，使画面效果更易为大众所接受。造型中的规律主要有协调律和对比律两种。

1. 协调律

本着室内设计"大协调小对比"的设计原则，协调律就是找出造型中的相互联系、相互协调，使视觉效果达到和谐、统一的效果，包括以下几个方面。

（1）对称

对称是一种经典协调手法，它可使造型彼此呼应，相映成趣，从而使视觉达到平衡、协调的效果。如图 4 - 7 和图 4 - 8 所示。

图 4 - 7 用对称方法表现的手绘示例 1

（2）重复

重复手法可使造型具有一定的秩序感、节奏感，从而使视觉达到协调的效果，如图 4 - 9 和图 4 - 10 所示。

（3）渐变

渐变手法可克服重复手法较呆板的缺点，讲究一定的规律性，但也更加灵活多变，如图 4 - 11 所示。

图 4 - 8　用对称方法表现的手绘示例 2

图 4 - 9　重复手法表现示例 1

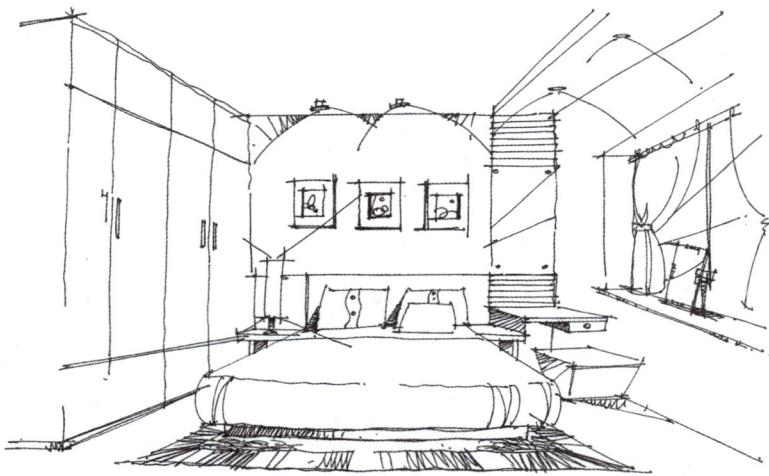

图 4 – 10　重复手法表现示例 2

图 4 – 11　渐变手法表现示例

2. 对比律

对比可以突出画面的视觉中心，从而使画面主次分明，虚实得当，使视觉产生较强的分辨力。包括以下几种情况。

（1）大小对比

其示例如图 4 - 12 所示。

图 4 - 12   大小对比表现示例

（2）明暗（深浅）对比

其示例如图 4 - 13 所示。

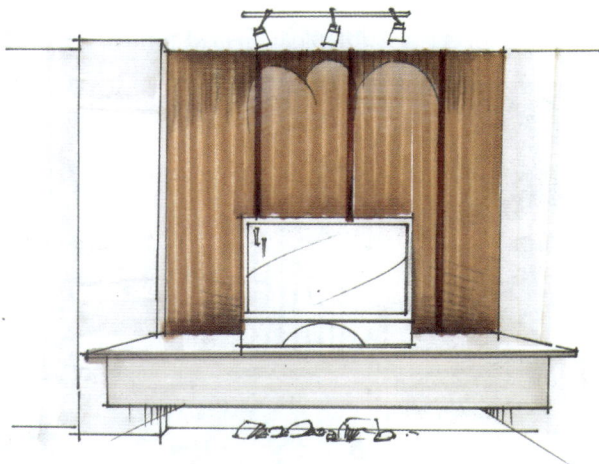

图 4 - 13   明暗（深浅）对比表现示例

（3）质感对比

其示例如图 4 - 14 所示。

图 4 – 14 质感对比表现示例

（4）形状对比

形状对比分曲直对比和方圆对比，其示例如图 4 – 15 和图 4 – 16 所示。

图 4 – 15 形状对比表现示例 1

图 4-16　形状对比表现示例 2

4.2　手绘效果图的创作步骤

手绘效果图的绘制必须严格按照创作步骤来完成，步骤的明晰有利于初学者学习有条理、有秩序的绘制方法，具体步骤如下。

（1）起铅笔透视稿。确定画面的透视关系，比例大小容量和视觉中心等。如图 4-17 所示。

图 4-17　手绘效果图创作步骤 1

　　（2）勾画钢笔线描稿。运用手绘线描表现技巧绘制出生动的钢笔线条，直线可靠尺完成，徒手画线要尽量做到线条美观而富于变化。如图 4-18 所示。

　　（3）上色。将画面中的物体按照材料的真实效果，用色彩表现出来，同时注意光感的表现。如图 4-19 所示。

图 4-18　手绘效果图创作步骤 2

图 4-19　手绘效果图创作步骤 3

手绘效果图作品欣赏范例如图 5 - 1 ～图 5 - 42 所示。

图 5 - 1　手绘效果图作品欣赏范例 1（作者：林文冬）

临摹：陈红卫. 手绘效果图典藏. 北京：中国经济文化出版社，2003

图 5-2 手绘效果图作品欣赏范例 2（作者：文健、罗武秀）

图 5-3 手绘效果图作品欣赏范例 3（作者：林文冬）

图 5 - 4　手绘效果图作品欣赏范例 4（作者：文健、潘羽）

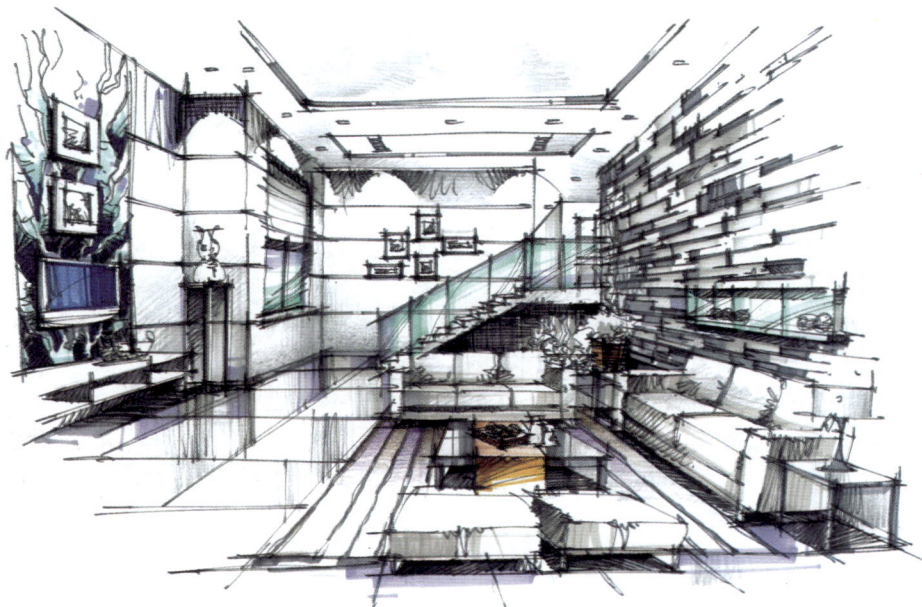

图 5 - 5　手绘效果图作品欣赏范例 5（作者：文健）

图 5－6　手绘效果图作品欣赏范例 6（作者：文健、潘羽）

图 5－7　手绘效果图作品欣赏范例 7（作者：林文冬）

图 5 - 8　手绘效果图作品欣赏范例 8（作者：林文冬）

图 5 - 9　手绘效果图作品欣赏范例 9（作者：林文冬）

图 5 – 10　手绘效果图作品欣赏范例 10（广州集美设计公司作品）

图 5 – 11　手绘效果图作品欣赏范例 11（作者：文健）

图 5 – 12   手绘效果图作品欣赏范例 12（作者：文健、廖树枫）

图 5 – 13   手绘效果图作品欣赏范例 13（作者：文健、尤国添）

图 5 – 14　手绘效果图作品欣赏范例 14（作者：文健、王燕）

图 5 – 15　手绘效果图作品欣赏范例 15（作者：徐志松）

图 5 - 16　手绘效果图作品欣赏范例 16（作者：文健）

图 5 - 17　手绘效果图作品欣赏范例 17（作者：文健、王燕飞）

图 5 – 18　手绘效果图作品欣赏范例 18（作者：林文冬）

图 5 – 19　手绘效果图作品欣赏范例 19（作者：胡娉、黄亮）

图 5-20　手绘效果图作品欣赏范例 20（作者：胡娉、张果）

图 5-21　手绘效果图作品欣赏范例 21（作者：林文冬）

图 5－22　手绘效果图作品欣赏范例 22（作者：林文冬）

图 5－23　手绘效果图作品欣赏范例 23（广州集美设计公司作品）

图 5-24 手绘效果图作品欣赏范例24（作者：陈扬）

图 5-25 手绘效果图作品欣赏范例25（作者：陈扬）

图 5 – 26 手绘效果图作品欣赏范例 26（作者：陈扬）

图 5 – 27 手绘效果图作品欣赏范例 27（作者：陈扬）

图 5 – 28 手绘效果图作品欣赏范例 28（作者：陆守国）

图 5 – 29 手绘效果图作品欣赏范例 29（作者：陆守国）

图 5 – 30　手绘效果图作品欣赏范例 30（作者：陆守国）

图 5 – 31　手绘效果图作品欣赏范例 31（作者：王娟）

图 5－32　手绘效果图作品欣赏范例 32（作者：崔笑声）

图 5－33　手绘效果图作品欣赏范例 33（作者：崔笑声）

图 5-34　手绘效果图作品欣赏范例 34（作者：杨健）

图 5-35　手绘效果图作品欣赏范例 35（作者：杨健）

图 5 - 36　手绘效果图作品欣赏范例 36（作者：陈红卫）

图 5 - 37　手绘效果图作品欣赏范例 37（作者：陈红卫）

图 5 - 38　手绘效果图作品欣赏范例38（作者：沙沛）

图 5 - 39　手绘效果图作品欣赏范例39（作者：沙沛）

图 5 - 40　手绘效果图作品欣赏范例 40（作者：广阔）

图 5 - 41　手绘效果图作品欣赏范例 41（作者：广阔）

图5－42 手绘效果图作品欣赏范例42（作者：辛冬根）